JN073238

MAKING
THE ORGANIZATION
AGILE

組織を芯からアジャイルにする

市谷聡啓
Toshihiro Ichitani

■ 本書のサポートページ　https://shin-agile.link/
■ 本書のハッシュタグ　#**シンアジャイル**

イントロダクション

組織は変わることができるのか?

少し昔話から始めよう。

うんざりするほどの文書とあまたのミーティング。それらを重ねてようやく本質的な仕事に辿りつける。そうかと思えば、待ち構えているのは社内にいにしえより伝わる「標準」の遵守。内容が状況に合っているか、合っていないかなど一顧だにしない。完全なる遵守が問答無用の前提。

そんな仕事の進め方で、目の前の仕事がうまく片付けられるわけがない。仕事へのコミットメントを果たすことなどできない。それがあらかじめ想像もついているというのに、それでも目前の事実に適応することができない。目の前のことより、組織に古来より伝わる「教え」が判断基準になっているのだからしかたがない。

やがて仕事は燃え盛り始める。目的を果たすための仕事ではなく、とにかく火を消し止めるための仕事へと変わる。そんな状況に疑問を思う者もそれほどいるわけではない。判断の基準と方法に疑問を持たずに、降り注ぐ仕事をひたすらに片付けていくことが組織の「正しい」認識である――

これは何の話か？　現代組織でわれわれが直面している、今ここの状況のことか。いや、これは、かつてソフトウェア開発の世界でどこにでもあった状況を語ったものである。ソフトウェア作りは、常に「炎上」と隣り合わせだった。

ソフトウェア開発の世界は、その後どうなったか？　概ね変わった。少なくとも、この四半世紀で相対的に状況は改善していると言ってよいだろう。

どのようにして変わったのか？　ソフトウェアを作るという技術、プロセス、チームのあり方、マインドセットなど、あらゆる観点での「より良い仕事をする」ための積み重ねが状況を変えてきた。そのうちのひとつに、本書のテーマにあたる**「アジャイル」**が挙げられる。

アジャイルとは、変化に適応することを価値とし、チームや顧客、ユーザーなど、「人」を営みの芯に据えた開発のあり方とやりようを指す言葉として定義された。その本質にある価値観は以下のとおりだ。

プロセスやツールよりも個人と対話を、
包括的なドキュメントよりも動くソフトウェアを、
契約交渉よりも顧客との協調を、
計画に従うことよりも変化への対応を、

価値とする。すなわち、左〔上〕記のことがらに価値があることを認めながらも、私たちは右〔下〕記のことがらにより価値をおく。

アジャイルソフトウェア開発宣言
https://agilemanifesto.org/iso/ja/manifesto.html

アジャイルの本質には「探索」と「適応」がある。わからないこと、わかっていない状況から、目をそらすことなく、わからないからこそ少しずつ「探索」的に仕事を進める。そうした実践によって得られる学びでもって、その後の判断や行動を変えていくようにする（「適応」と呼ぶ）。そうした仕事のやりようを繰り返し、反復的に行う。

こうしたあり方を具体的に支えるために、アジャイルならではのプラクティス（実践のための工夫）やフレームが生み出されてきた。もちろん、冒頭に掲げたような状況下での取り組みとなるため、それはまったく容易なことではなかった。私自身、四半世紀近くをかけてアジャイルの探求、実践、啓蒙を重ねることで、今ここに至っている。相応の年月を経て、ソフトウェア開発の世界では、「アジャイル」という言葉自体は真新しいものではなくなっている。

今、組織の変革にも「アジャイル」の実践知が必要であると捉えられている。組織を取り巻く社会、環境の不確実性は増し続けているとされる。そのようなかで必要なのは、いにしえより伝わる組織の判断基準をひたすらに守り通すことではない。不確実性への対処のために「探索」と「適応」が必要となる。そこで、アジャイルな価値観やプラクティスを、開発だけではなく組織のあり方に取り入れる「アジャイル」な組織論が言及され始めているのである。

しかし、この試みもまた容易ではない。何しろ相手はこれまでの日本の過去の栄光を長年にわたって支えてきた「効率への最適化」という価値観なのである。これは組織に遍在する「認識」でもある。かつてのソフトウェア開発におけるアジャイルのように、いや、それ以上に厄介な取り組みになる。

そう、この本は「アジャイル」をどのように現代組織に適用していくのか、その取り組みについて語り明かすものである。

このように述べると、本書は変革を志す一部のリーダーやマネージャーなどに向けたものかと思われるかもしれない。しかし、組織のあり方を変える、その認識を変えていくという活動は、一握りの人間が持つテーマではない。これまでの判断基準や振る舞いでは社会や顧客の期待にろくに応えきれなくなってしまっている、そういう状況は現代の日本では珍しいものではない。

価値もしくは意味のある仕事をしたい、自分の手掛ける仕事に価値や意味を込めたい、そう思うすべての人たちに本書を贈りたい。組織がこれまでの認識から踏み出し、新たな探索と適応を得ていくには、皆さんの意志が必要となる。組織は変わることができるのか？　その回答を、皆さんとともに本書の中で辿っていきたい。

本書の読み方

この本は、アジャイルのエッセンスを、ソフトウェア開発に限らない組織内のプロジェクトや業務、ひいては組織の運営そのものに適用できるようにするために書かれている。ゆえに、想定している読者は、ＤＸ推進部署や情報システム部といった方々だけではない。事業部門や新規事業の担当者、そして組織のマネジメントを担うマネージャーや組織長、さらに経営人材も手に取れるようにしたつもりだ。本書で扱うテーマは、大企業や歴史ある企業だけではなく、小さな組織でも、立ち上げから数年の間に起きうる課題でもある。

読み進めるにあたって、ソフトウェア開発やアジャイルについての前提知識は不要である。この本は、これまでアジャイルの実践、啓蒙の現場をあまたくぐり抜け、適用に挑戦する組織とともにあった筆者が、現代組織に山積する課題の中で藻掻きながら「組織を変える」に挑むあなたに向けて書いたものだ。エンジニアリングやITについての知識がなくても、プロジェクトや業務、組織運営に適用できるように言葉を選び、説明を厚くしたつもりだ。

逆に、すでに「アジャイル」という言葉を耳にしている方は、「アジャイルとは〝俊敏さ〟を意味する言葉だから、この本は仕事を早く片付けるためのものか」と思われるかもしれない。アジャイル＝迅速さと捉えるのは間違いではないが、本書ではこの言葉の持つ意味をより「探索」と「適応」に焦点を当てている。なぜアジャイルなのか、具体的にはどういうことなのかについて、本書で確認してもらいたい。

さて、この本の構成についても説明しておこう。本書は全5章にて構成している。最初から読み進めるようにしてもらいたい。第1章では私たちの組織が今いる場所がどこなのかについて、ふまえて第2章では組織を呪縛しているものの正体について解き明かしていく。

2章までで見出された組織課題を突破するためのすべとして、第3章でいよいよ「アジャイル」の実践を示す。ただし、3章の段階ではいきなり組織でアジャイルに取り組むのではなく、チームやプロジェクト、小さな部署といった単位での取り組みについて説明する。

その後、第4章で組織でアジャイルを広げていくにあたって直面する「壁」を示す。最後の第5章にて、この「壁」を乗り越えるための「組織アジャイル」を語り尽くす。

本書は、一人でも、あるいはチームや部署といった単位でも読んでもらいたい。特に後者で読書会など開き、本書で示す課題や乗り越える方策について対話してほしい。そもそもアジャイルとは必ず正解へと導く絶対的な方法論などではない。組織の置かれている今ここから、向かいたい組織の姿へと至るためには、本書の内容をもとに自分たち自身で「探索」のための取り組みようを講じていく必要がある。そこで各章の末尾に、組織で対話をするためのきっかけとなる「問い」を用意した。

また、2つの付録を巻末に備えた。ひとつは「組織の芯からアジャイルを宿す26の作戦」として、本書に散りばめた組織アジャイルのエッセンスを取り出しまとめたものである。実践にあたっては、この26の作戦を組織アジャイルを俯瞰する見取り図とし、本文との行き来に活用してもらいたい。

もうひとつの「組織アジャイル3つの段階の実践」は、本書を読み終えた後の最初の一歩のために用意した。組織アジャイルの取り組みへの入り口となる〈重ね合わせ〉〈ふりかえり〉〈むきなおり〉について、具体的にどのように実践するとよいのか、端的にまとめている。

目次

第2章 日本の組織を縛り続けるもの 35

第5章 組織を芯からアジャイルにする

第1章

われわれが今いる場所はどこか

コロナ禍、ＤＸという環境の変化から垣間見える、日本の組織の今ココとはどこか。

1-1 どうすれば組織を変えられるのか

「どうすれば組織を変えられるのか？」

長く、この問いに向き合い続けてきたように思う。この四半世紀のあいだ、概ね向き合い続けてきた問い。それは、「自分たちがいる場所をどうすればより良い場所にできるのか」ということだった。四半世紀にまで達して、いまだこの問いに答えようとする日々を送っている。

ただし、対象は変わっている。自分自身がいる場所そのものから、私ではなく「あなた」がいる場所へと。つまり、どうすれば「それぞれの組織」は変われるのか。問いは格段に難しくなっている。

私は20年以上前にソフトウェアを作る仕事を始めた。やがて、「何を作れば目的を果たせるのか」自体がわからないところからスタートする、ゼロベースでのプロダクト作りへと身を寄せていった。ソフトウェアでどのような問題を解決すればよいのか、またそうした問題を抱えているのはどういう人たちなのか。そんな根本的なところから一つひとつ積み上げていかなければならない。そうした与件自体を自分たち自身で仮説立てなければならないのは、ソフトウェア作りのなかでも極めて難しい部類になる。

その方法を学び、自力でやれるようにしたいというクライアントからの声は増え、今も広がり続けている。組織の前線たる現場の状況は混沌さを増している。組織が変わる前に世の中の方が先に変わったのだろう。あらかじめの正解などはなく、そもそも何を解けばよいのかという「問い」から定義しなければならない事業環境になってきたということだ。この手の話はスタートアップやベンチャーだけに限ったものではなくなっている。大企業から地域の伝統的な企業まで、広くこの命題に向き合い始めている。

こうしたなかでは、まず何のために何が必要とされるのか、あるいはどんなことに意味があるのか、**「探索」**をしなければならない。直近半年、1年の詳細なスケジュールを最初に引いて、あとはそれに従ってやっていけばよいという計画主導の仕事にはならない。文字どおり試行錯誤の取り組み方になる。そこで、組織は新たな問題へと突き当たることになる。今までの仕事のやり方を大きく変えなければならない。いったいどうやって?

組織は変われる

組織に求められるケイパビリティ（能力）は多岐にわたる。そして、それらは組織を取り巻く状況とともに変わっていく。仕事の進め方や技術、使うツールももちろん適したものを選ばなければならない。ところが選択を変えるのは容易ではない。この四半世紀だけをことさら切り取らずとも、おそらく組織というものが存在するようになってから脈々と、「組織のやり方やあり方を変える」ことに人はぶつかり苦悩してきた。

先に述べた、計画主導から試行錯誤ベースへと移行することも、そのうちのひとつだ。これまでの延長線上にはない取り組み方になる。ゆえに、大きな抵抗が組織内の経営やマネジメント、現場、あらゆる場所で起こることになる。

実験や試行を中心においた探索的な進め方の導入は、昨日今日に始まったことではない。探索の方法として代表的な「アジャイル」を例にするならば、その取り組みは実に20年近くも続いている。それでも感覚的には、その普及はアーリーアダプター（早期採用者）を越えて、ようやくマジョリティ（多数派）に差し掛かったところであろうか。大企業や伝統的な企業においてもアジャイルという言葉が交わされることが増えてきた。

それだけに、「アジャイルの意義」について語る必要がいまだある。むしろ普及の裾野が広がったため、かつて20年ほど前にあった「アジャイルの誤解」について改めて説明しなければならなくなっている。「アジャイルの誤解」とは、「アジャイルであればとにかく良いものができる、しかも安く、早く」という誤った期待のことだ。こうした期待のもとで取り組み進めたところで結果は奮わない。「こんなものは期待していない」という絶望的な宣告を関係者から最後に受けるのがオチだ。だからこそ、丁寧に丁寧に言葉を届けなければならない。そんなことをもう20年続けているというわけだ。

それだけ取り組んでいるとおのずと突き当たる思いがある。「アジャイルが届く組織と、どうしたとしても届かない組織の2つが存在するのだろう」と。変われない組織もある。むしろそんな組織のほうが圧倒的に多い。だが、そうした諦念にも似た仮説が突如として破れる出来事があった。

2020年初頭より広がったコロナ禍だった。

コロナ禍が組織にもたらしたこととは何か。圧倒的にネガティブな事案が並ぶ一方で、ある証明を突きつけることとなった。それは**「組織は変われる」**ということだ。集団でも一斉に短期間のうちにやり方とあり方を変えることができるのだということを思い出させた。いや、思い出すのではない。記憶の中にそうした経験がないとしたら、それは気づかされたという言葉がふさわしい。

仕事場のリアルからオンラインを取り入れたあり方への移行。組織がそれまでまったく取り入れたことがなかったリモートワーク、業務のオンライン化を最初の緊急事態宣言の折になし崩しとは言えたかだか1~2週間のあいだに果たすことができたのだ。この事実を、「そういうこともあったな」と記憶の中に投げ入れてしまっておくだけでは学びがない。

当時私もいくつかの組織に関与するさなかにあり、どこを向いても少なからずの混乱がそこかしこにあった。しかし、そうした混乱も含めて、概ね状況へと適応していった様は実に驚くべきことだった。制約の強い金融機関や行政においてさえ、ウェブ会議ツールを使ってオンラインでミーティングを行うということがごく当たり前の方法となった。

もちろん、すべて美談にできるような状況にあったわけでもない。だが、その後を経ても元に戻ることなく仕事の方法が変わったのはエポックと言える。実際のところ、コロナの状況が落ち着いていくとともに仕事のやり方を以前に戻す動きは当然のように生まれた。ただ、考えなしに以前に戻ろうという動きもまた少ないように思う。組織も学び、変わることができたのだ。

いったい組織に何が起きたのか？　ひとつは、使う「道具」が変わったことだ。日常で用いる道具が変われば仕事のスタイル自体も変わる。これまでオフライン（対面）、アナログ（紙）、メールだった手段が、オンライン（ウェブ会議）、デジタル（クラウド上のデータ）、チャットへと変わらざるをえなくなり、そのスタイルにアジャストしなければならなくなった。多くの人々が、新たなスタイルに適応しようと細かい改善や方法の修整にごく自然と取り組む。うまく対応できない人たちももちろんいるが、先行する適応例を得て、真似ることで乗り越えられたところもある。

こうした業務のデジタル化によって、実際としても実感としても、効率性の高まりが得られることになる。無駄な移動、紙や物理ファイルのやりとりが減り、会議が短くなり、チャットによってコミュニケーションのテンポが早くなった。こうして得られた生産性をわざわざ捨ててまた以前に戻ろうとするはずがない。私たちは、新しく得られた前提のうえでごく自然に新たな習慣を積み上げていく。そうして鍛えあげられた日常とは、最も強力な前提となって組織をかたちづくっていくことになる。簡単に元に戻ることはない。

求められる組織の形態変化

さて、組織を語っていくうえで避けられないテーマがある。「デジタルトランスフォーメーション（DX）」である。コロナが広がる以前よりDXという概念は存在し、その名のもとでの取り組みも進められていた。トランスフォーメーションという言葉が示すとおり、組織の形態を変える活動であり、この形態変化のためにデジタル技術を利活用するものと考えられていることが多い。コロナ禍がこのＤＸを後押しし、結果として日常業務のデジタル化を進めることになったのは先に述べたとおりだ。この事実は経産省が示すＤＸのレポートでも言及されている。

しかし、ＤＸとは業務のオンライン移行、リモート対応がゴールではない。むしろ入り口である。トランスフォーメーションとは、組織の内側の業務だけではなく、組織の外側、つまり顧客や社会に対するあり方、価値の提供にまで及ぶのだ。組織の内も外も、すべてを塗り替えていくことにほかならない。

では、形態変化の入り口を得て、ここから先はどうしていくのか。どこへ向かって、どこまで行くのか。そのために必要となるのは？　ここで再び壁に突き当たるのは、こうした問いに答える唯一の正解があるわけでないということだ。ここでも、いやここでこそ、探索の方法が求められることになる。そう、ひとつ話をすり替えてきているのは、最初に述べた組織として獲得するべき「探索の能力」が、コロナ禍によって得られたわけではないということだ。むしろ、これから多くの組織が挑まなければならない課題であり、本書で語り進めていく主題にあたる。

これからこの課題に巡り当たっていく前に、探索能力、すなわちアジャイルな思考と行動が必要される背景についてもう少し詳しく読み解いておきたい。ＤＸでいったい何を目指していくのか？

1-2 ―― 組織が挑むＤＸの本質

ＤＸとは何か

そもそもＤＸとは何か。２００４年にスウェーデンのエリック・ストルターマン教授が提唱したのが起源とされている。ストルターマンは次のように言ったとされる。

「ＩＴの浸透が、人々の生活をあらゆる面でより良い方向に変化させる」

今となっては、それほど大それた仮説と見なせないだろう。しかしこれが２００４年に立てられたことを思うと、ストルターマンの仮説は「預言」であり、確かに成就したと言える。その後、この言葉がさまざまな立場の人々によって利活用されていく世界までをストルターマンがはたして見通していたかどうか。コンサルタントやベンダーの数だけＤＸの定義があるような状況に至っている。

ＩＴ業界では、自社の製品やサービスが売れるために、その利用を促す機運や情勢を作っていくため「バズワード」という言葉を定義し担ぐことがよくある。ＤＸにもそうした利用のされ方があるのは間違いない。ただ、よくあるバズワードとは違う一面がこの言葉にはある。それは、経済産業省がやはりこの言葉を担ぎ、デジタル化を「国家課題」として捉えているからということだけではない。DXが組織における共通の「目印」になりうるためである。組織のすべての目線を集められる力がこの言葉にはある。いや、むしろそういう状況を作るのに利用するべき言葉だと言える。

この四半世紀だけ見てもさまざまなバズワードがあった。経営者が肩入れする言葉もあれば、現場が踊った言葉もあった。ただ、経営から現場まで、組織の隅々まで方向感が合致するような概念は結果的になかった。一方で、DXとは経営課題として扱うテーマであり、現場の業務をより効率良くするための手段にもなりうる。

つまり、**組織内のそれぞれの立ち位置から意味のある言葉として捉えられるところに、この言葉の価値がある。**組織の概ね全員が、共通の前提、認識として置ける言葉、耐えうる概念というのはそう簡単にはない。それゆえに、DXを機会と見て、積極的に利用することを考えたほうがよいのだ。もちろん、バズワードとしてではなく、自分たちの組織を変えるために、である。

経産省のDX定義

経済産業省は次のようにDXを定義している。

「企業がビジネス環境の激しい変化に対応し、データとデジタル技術を活用して、顧客や社会のニーズを基に、製品やサービス、ビジネスモデルを変革するとともに、業務そのものや、組織、プロセス、企業文化・風土を変革し、競争上の優位性を確立すること」

読み解きにくい内容となっているが、要は**「組織から外に向けて提供する価値」（製品、サービス、ビジネス）を再定義する**こと。なおかつ、**持続的に環境や状況の変化に適応できるよう「組織の内部をも変える」（組織体制、プロセス、文化・風土）**という2本の柱で構成される活動ということである。2つの変革にほぼ同時に取り組むため、これを**「両利きの変革」**と呼びたい（図1－1）。

これは、「顧客体験価値（Customer Experience：CX）」と「従業員体験価値（Employee Experience：EX）」の両面を向上させていくという決意を組織に求めることになる。データやデジタル技術を活用して顧客や社会に資するということは、これまで提供できていなかった体験価値を生み出すこと、もしくはこれまで提供していたものをより磨き上げるということだ。

また、そうした良質な顧客体験を生み出す組織のメンバーが、内情としては疲弊して苦しみながら職務にあたっているというのはまず成り立たないであろう。CXとEXは裏表になっている。組織内を、業務、プロセス、あるいは文化風土レベルでより良く変化させるということは、まさしく組織メンバー自身の「働く」における体験価値を高めることにほかならない。

CX、EXどちらか一方ではなく、両面を高めていくことにコミットしていくのは容易なことではない。だからこそ、特に人力では実現できなかったこと、人力ではコストパフォーマンスが合わなかったことを、データやデジタル技術を駆使して成し遂げようというのがDXの主旨となる。

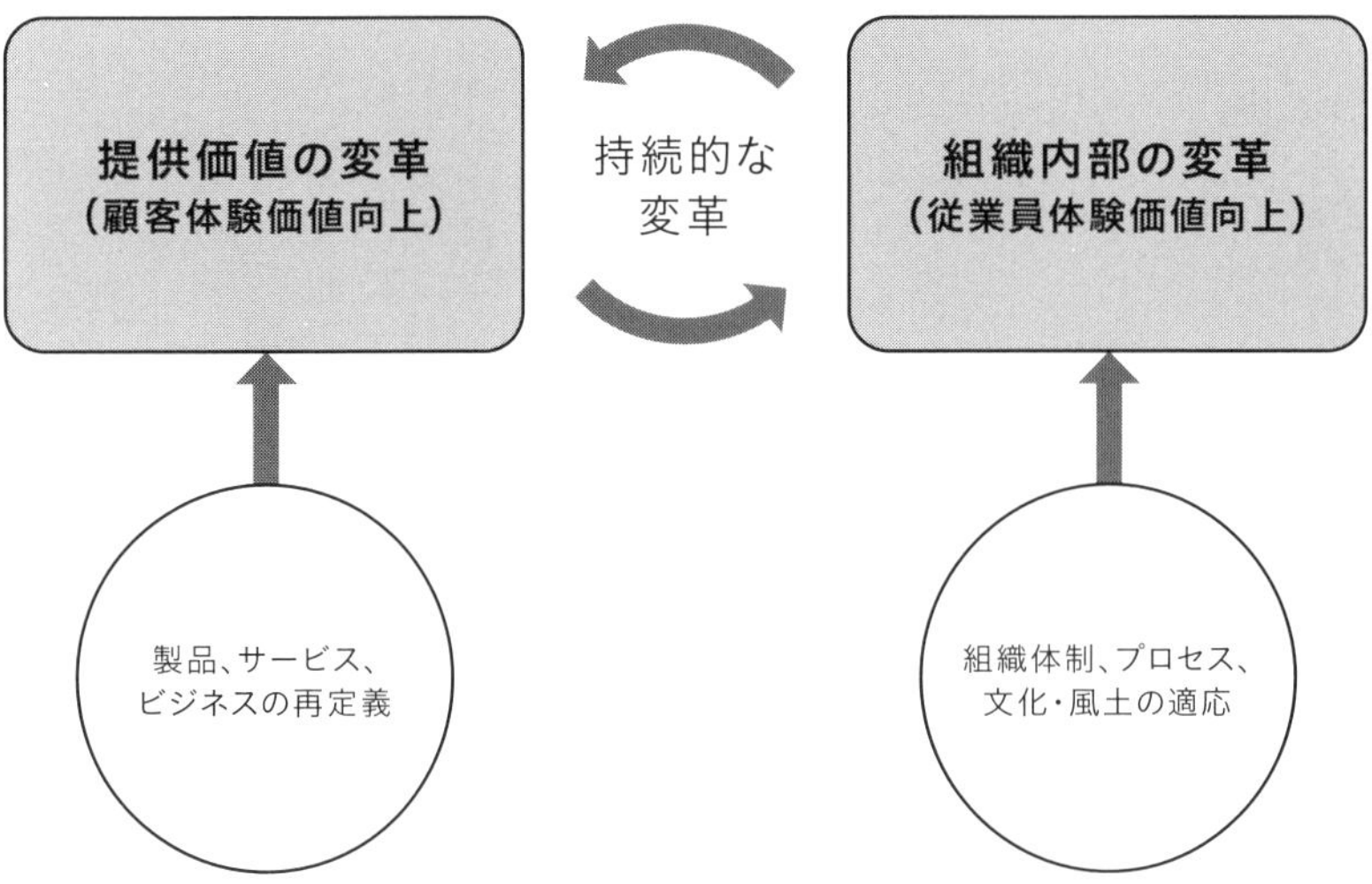
提供価値の変革
（顧客体験価値向上）
持続的な
変革
組織内部の変革
（従業員体験価値向上）
製品、サービス、
ビジネスの再定義
組織体制、プロセス、
文化・風土の適応

図1-1　両利きの変革

DXの再定義

コロナ禍の状況に対応するために、たとえば業務をオンラインへ移行する。これまでリアルなコミュニケーションのなかでしか購買やサービスの享受が得られなかった顧客にとっても、それはオンラインへ場所を移すということであり、利便性を高められることになる。CXとEXの変革を同時に求めるDXの定義とまさしく合致することになる。しかし、業務やサービスをオンラインに移行する、そのためにデジタル技術、ツールを片っ端から取り入れていこう、それこそがDXである、というのでは、かつてのバズワードに踊らされていた状況と変わらない。

コロナ禍によってもたらされた状況から突きつけられたのは、そんなことではない。**業務や事業のやりようを根底からデジタル化した際に、われわれはどうあるべきなのか?**という問いかけだった。そこにあらかじめ用意された模範解答などない。どこにもない。

何しろ多くの業界、企業において初めて直面する事態である。自社にフィットするようなうまい具合の事例など他社を見渡してもありはしない。今まで対面で提供していたサービスをウェブ会議に移行することでどのような制約が生まれるのか。従来と同等のクオリティを提供できるのか。多くの課題に直面し、すべてが及第点ではないにしても試行錯誤のうえ乗り越えようと誰もが動いたはずだ。

改めてDXを捉え直すならば、DXとはデジタルで新しい何かを生み出せるようにしようというだけの話では決してない。**組織のあらゆる活動をデジタル利活用を前提とした社会や環境に適したかた**

ちに作り変えること。そのために組織が必要とすることとは何か。デジタル技術やデータに関する知見を宿すことは当然である。むしろ、デジタル技術やデータの利活用によって組織が「できること」の幅を広げられた結果、私たちは答えのない課題に直面することが圧倒的に増えた（あるいは増える）のだ。そこで新たな組織能力として、「探索」の獲得を迫られることになったわけである。

1-3 ── 組織の形態変化を阻むもの

何を探索するのか

私たちは何を探索しなければならないのか。たとえば、これまで対面で行っていた店舗業務をオンラインで可能にしようとする場合、何を探すだろうか。顧客が操作に迷わず、オンライン上に乗ってこれるようなウェブ会議ツールはどれか、といった利用ツールの探索となるかもしれない。この探索自体は必要なことではあるが、対象は「解決策」だけではない。

そもそも、リアルで行っていた業務に相当することをオンラインで忠実に再現する必要があるのか。あるいは、同じクオリティで構築することにどれほどの価値があるのか。前提が変わるのはサービス提供側だけではない。顧客のほうも変わっている可能性がある。

これまでは、リアルなコミュニケーションのもとで丁寧な説明を人手で行ってくれていたことが価値だったかもしれない。しかし、説明自体が動画で代替でき、質問がチャットなどの手段で補完できるのであれば、顧客にとっての価値は「間違いなく理解できること」から「自分の時間を束縛されずに済む」ことに移り変わりうる。

こうした変容の可能性は、コロナのような突然の環境的制約による場合もあれば、生活スタイルに伴う価値観の変化にも依る。デジタルへの適応がそのひとつとして挙げられるのは言うまでもない。組織がデジタルに適応するより早く、社会が、社会を構成する私たち自身が、デジタルへの適応を果たしている。初めてチャットでコミュニケーションした相手は、企業の担当者ではなく友人や家族だったのではないか。

組織は顧客の状況や置かれている前提が変容している可能性を常に検知しようとしなければならない。この探索に時間を投じていない組織は顧客からやがて相手にされなくなる。いつまで経ってもサービスの質が変わらない、変化に取り残された業界。自分たちがいる場所をそんな例としてとりあげられることで初めて社会との差が開いてしまっていることに気づく。そこに気づけずにいる組織もいまだ多いことだろう。

組織が探索しなければならないのは、目先の状況解決のための「手段」獲得だけではない。**そもそも解くべき「課題」は何かという課題の（再）設定であり、さらに言うと、変容の可能性がある「前提」や「状況」について理解することなのだ。**状況に適した課題、課題に適した解決策、それぞれのフィット度合いを求めていかなければ組織活動は的を射ることはない。

組織を支えてきたものが行く手を阻む

こうして、「探索する」こととは、学ぶ、理解するということはほぼ同義となってくる。ただ、探索のための「すべ」を組織に宿していくだけでは十分ではない。得られた学び、理解にもとづいて、組織の判断や行動を変えていかなければならない。これを**「適応」**と呼ぶ。

何かしらの状況や課題を学びながら、それでいてその次の判断や行動を変えようとしないならば、その探索には何の意味もない。見当違いの課題解決、的外れのサービス提供を行わないようにするために、わざわざ探索を行おうというのに。その探索の結果に適応できないとしたら、組織の状態としてはかなり危険だ。

これまでの激しい競争を生き残ってきた企業や組織がそんな本末転倒なことになるはずもない。長く生き抜いてきた組織には、そうであるが所以の知恵が備わっている。組織のこれまでを支えてきた組織知の存在。ところが、その組織知によってこそ、組織は探索のすべを手にできぬままでいる。あるいは適応しようにもその選択肢を得られないままとなっている。

DXの本質はここにある。これまで組織を勝ち残らせてきた判断基準、方法、それらを支える組織知とは直交する組織能力を獲得しなければならない。ある意味では、これまで頼りにしてきた強みを手放せという話だ。このハードルを越えていかなければならない。

組織に求められる形態変化とは、「デジタルやデータを利用して何かができればよい」という、手段が目的化した取り組みなどではない。こうした手段に取り憑かれた〝DX〟は、課題に適した「解決策の探索」にもならない。当然まともな成果があがるはずもない。

場合によっては「自分たちは以前から探索に取り組んできた」という主張もあるだろう。しかし、探索と称しながらなぜかすでに明示的なゴールがあり、その実現のための計画をなぞっているだけになっている場合もある（とにかくプロダクトを作ること、いつソリューションの提供を始めるかが既定路線で決定しているなど）。それでいて組織の仕組みが結局変わっていないため、一つひとつの合意形成と意思決定に多大な時間を要することになり、物事は遅々として進まない。適応も一度も行われることがなく、「やってはみたものの、この結果から何が得られると嬉しいのか」と、最後までに本質を見失ったまま所与の「計画上のゴール」を切る。そして、次に向かう方角を見失い、彷徨い始める。これまでの組織を支えてきた組織知と中途半端に融合した探索とは探索に非ず、迷走へと陥る。

なぜ、組織にとって「探索」が獲得困難な能力であり行為なのか。なぜ、これまでの勝ちを支えてきた既存の組織能力に直交してしまうことになるのか。次章では、この要因を解き明かすことから始めたい。その正体は、コロナ禍だけでは変えられなかった、いまだ日本の多くの組織にかけられている**「呪縛」**である。この呪縛の本質を捉えられなければ、探索しているつもりで現状を肯定するための予定調和的な探索にしかならないのだ。

組織の芯を捉え直す問い

- 自分たちの組織を取り巻く環境、社会に対して立ち遅れていると感じることは何か?
- デジタル利活用を前提とした社会や環境に適した組織、組織活動とはどのようなものか?
- あなたの組織で探索しなければならないこととは何だろうか?
- 新たな取り組みを始めようとしたときに、真っ先にぶつかる組織の制約とは何か?また、それはなぜ起こると考えられるか?

第2章

日本の組織を縛り続けるもの

効率への最適化をひきかえに、日本の組織が失ったのは、自分たちで選択肢を生み出すということだった。

2-1 「最適化」という名の呪縛

顧客が何を必要としているのか。事前にその期待を顧客とのあいだで合わせられるならば、仕事には何が求められるだろう。この場合、目指すべきゴールは「必要なものを、必要なときに、必要な場所（相手）に届ける」となる。この状況下で期待されるコミットメントは、まずもって「間違わない」ことだ。求めているものと違うものを作ってしまう、あるいは守るべき期限を守れないということでは話にならない。

さらに言うと、求められるものをきっちりと届けることはもちろんのこと、それだけでも不十分である。いかに時間をかけずにゴールに到達できるかが問われる。その時間は仕事を手掛ける側がコストとして背負うことになるから、正確かつ早く仕事を終えることが「良い仕事」の条件となる。

「良い仕事」となるよう、あらゆる観点で間違わないように、その工夫を、準備を、計画をする。そして、より正確かつ早くなるようにと改善する。こうして「良い仕事」のための「最適化」が組織活動の中心に据えられることになる。

「最適化」がかつての日本の強い組織を支えてきた。「最適化」が働くように、仕事の進め方、組織の体制、使う道具、評価基準まで整えられてきた。その結果が今ここの状況である。そう、**日本の組

織の思考や判断、行動を縛り続ける「呪縛」の本質とは、「最適化」にほかならない。何のための活動なのかが問い直されることのない最適化が、組織を深い迷走へと呼び込むことになってしまったのだ。「良い仕事」を導くはずの最適化がなぜ組織の混迷を生んでしまうことになるのか。噛み合った弾み車のように少しずつ回り始める効率化の好循環が、かえって組織が立ち止まって考え直す機を逸してしまう。間違わないように、間違わないように、最適化を促すほどに、私たちは立ち返ることができなくなってしまう。

どのような最適化が組織に働いているのか、その起点を知ることにしよう。最適化には**「方法」「体制」「道具」**の3つの観点がある（図2－1）。

方法の最適化

最初の最適化は、仕事の段取りや進め方といった「方法」の観点である。仕事をどう進めるかは人に依存するところが大きく、「ゆらぎ」も起きやすい。人によって仕事の進め方とその結果にムラが生じないように、方法を正確かつ詳細に定義しようという力学が働くことになる。

仕事は、極めて単純化して捉えるとインプット（INPUT）－プロセス（PROCESS）－アウトプット（OUTPUT）で構成される。アウトプットを期待どおり正確なものにするためには、正しいプロセスの用意と正しいインプットの確保が必要となる。方法の最適化はこのプロセスとインプットに働きかけ

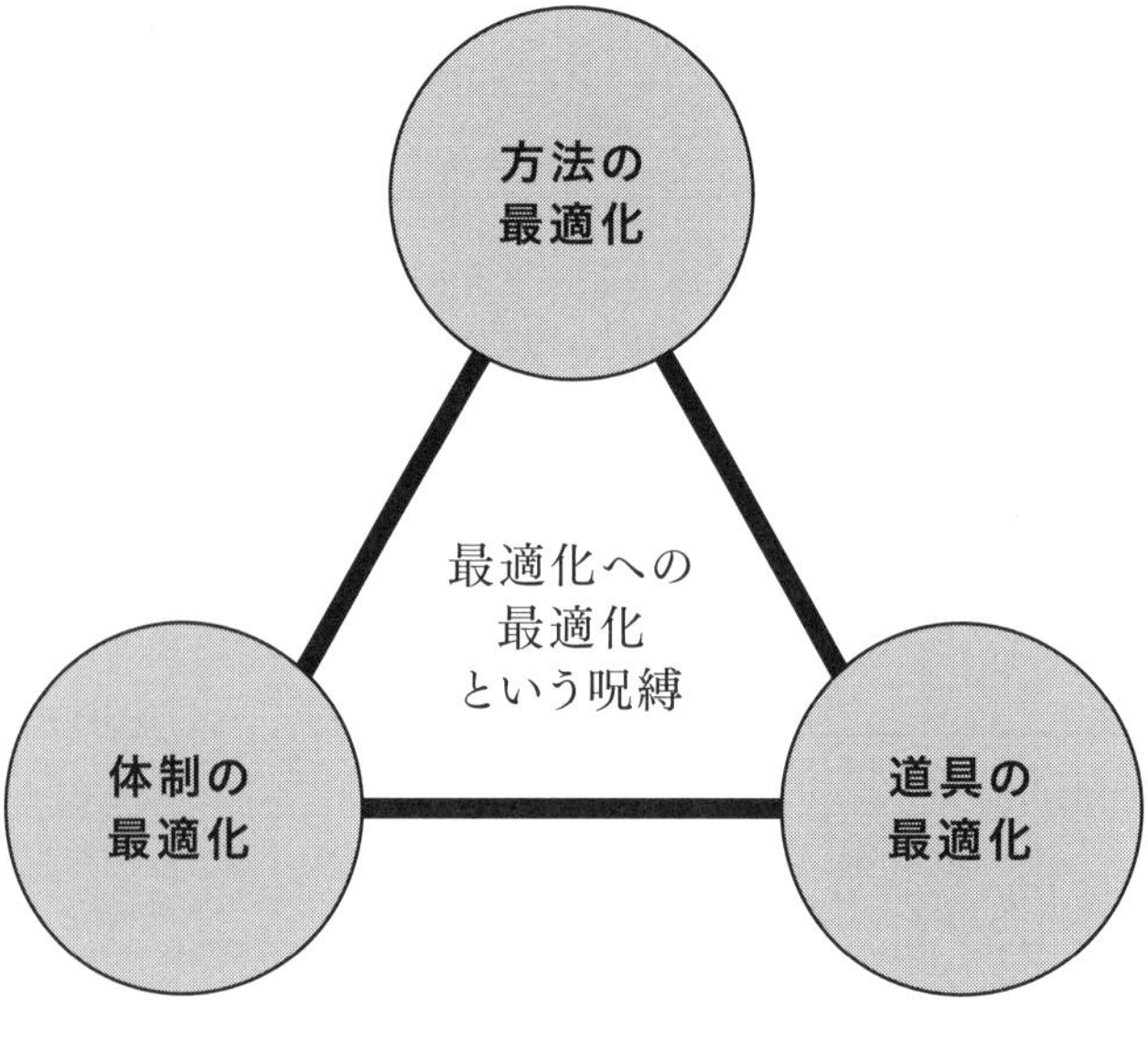

図2-1　3つの最適化

るものである。

プロセスについては、正確にアウトプットが生み出せるよう正しい手順を定義しようということになる。なおかつ、組織全般で必ず手順に則るよう遵守を求める、組織としての「標準」に昇華させる。標準を定めているのだから、それに即して仕事を進めるのは当然のこと。もし標準から外れた仕事をしてアウトプットが期待するものになっていないなどということがあれば評価に値しない。

また、必要なものを必要なときに揃えることが前提の「良い仕事」にとっては「手戻り」が大敵となる。最終的なアウトプットやプロセスの過程で生み出される中間アウトプットが期待どおりではないため手順をやり直さねばならないとなると、極めて評価は低くなる。こうした手戻りを撲滅するために、仕事に取り掛かる前に詳細な計画を立て、やるべきことの抜け漏れをあらかじめなくしておくよう矯正するのが標準の役割となる。当然、立てた計画にあいまいなところがないか、きちんと最後のプロセスまで見通せているかを問う、レビューを実施する。レビューで指摘されることをきっちりクリアしなければ、計画を実行に移すことはできない。

もちろんチェックの対象は計画段階だけではない。計画どおり仕事が遂行されているか、進み具合と中身を確認する進捗会議を設置し、常に追跡する。単に状況の報告を行えばよいわけではなく、アウトプットに誤りが混入していないか証明するために検査・テスト、第3者チェックなどを行う。

こうした方法の適用が確実に行われるためには、原則的にいかなる場合でも標準を守ることが掟とされる。ある場合は例外として適用しなくてもよい、といった除外条件を置き始めると、適用するべきところを誤って非適用とする可能性を残してしまうことになる。そんなゆるさを許すわけにはいかない。何よりも、いちいち「判断」を求めることになってしまう。正確さと速さの両方を高い水準で満たしてこそ「良い仕事」なのだから、「迷う」などという時間のムダとなる可能性を作ってはいけない。

方法の最適化がおのずと減点主義の路線を走っていくことになるのは自明だ。新しい工夫やアウトプット、発見について加点されるよりも、標準遵守、手順どおりかが圧倒的に問われることになる。逸脱していると、まずレビュー、報告会、進捗会議などを通過することはできない。それでは仕事が進まなくなるから、当然標準に則り判断する、処置する、という傾向が強化されていくことになる。これが方法の最適化だ。

こうした最適化は、別の好都合を引き寄せる。徹底的にプロセスが標準化できるならば、誰がやってもアウトプットが同じになる。だから、一部または大部分のプロセスを外部に委託することができる。引き受ける外部の組織ももちろん間違わないように、委託元の標準に則るようにする。最適化は外部の協力企業にまで広がり、委託元と同じように標準を遵守できる協力企業が評価されることになる。標準が影響を及ぼす範囲は自社の方法のみに限らず、会社間の取引にも至る。影響が広がるほどに、標準は変えられるものではなくなっていく。少しずつ最適化の方向は、従来通り、決めた通りの単方向へと硬直する（図2－2）。

この方向の強化に組織をあげて力を合わせて取り組んでいくことになる。次に述べる「体制」の最適化と合わさって、立ち止まったり立ち返ることがいよいよできなくなっていく。プロセスの一部、または大半を外に出していくことは、自組織からその分についての理解を切り離し、消失させていくことになる。仕事を進めるにあたって必要な知識の全体を、一つのチーム、一つの部門、一つの組織

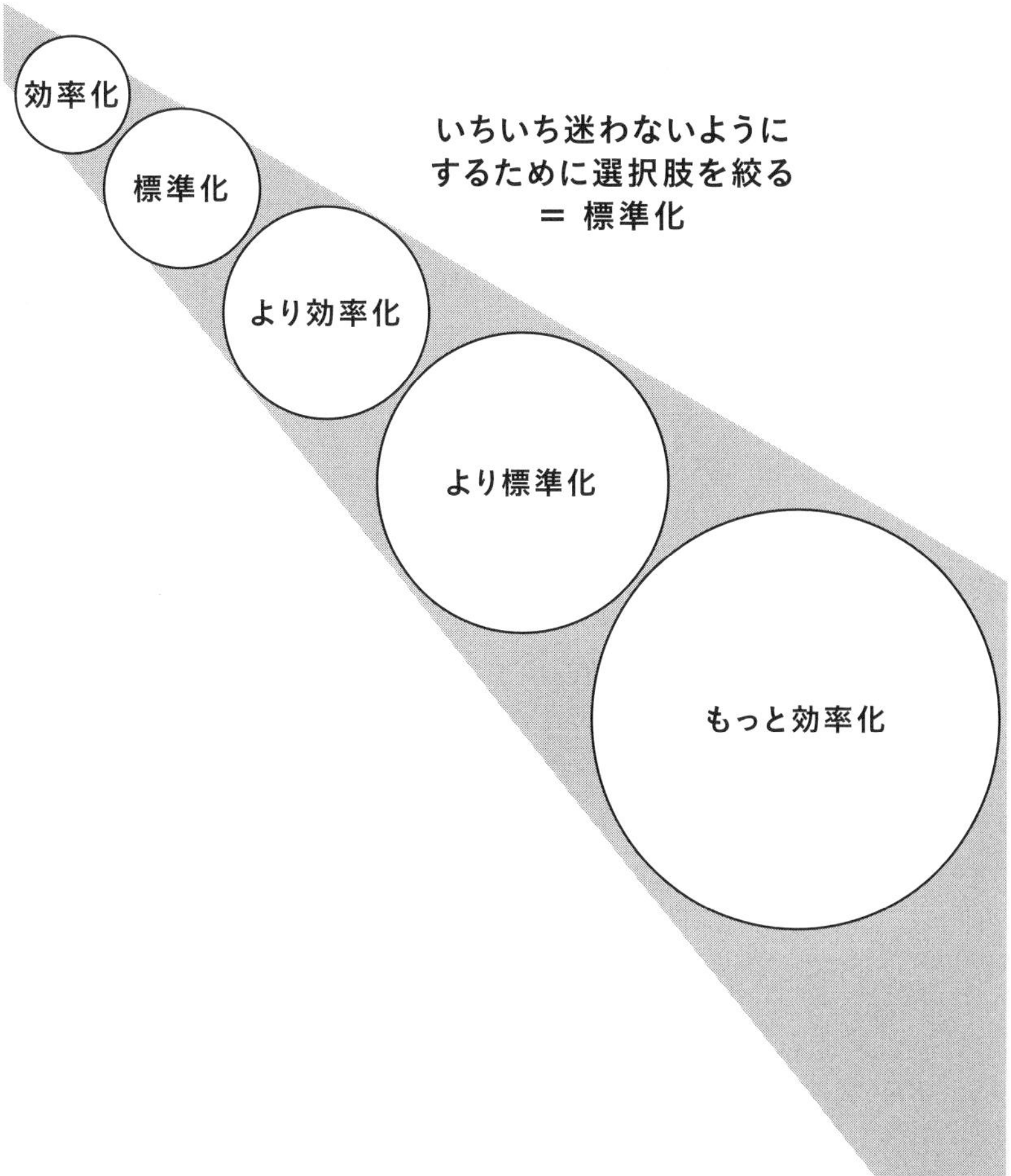
効率化
標準化
より効率化
より標準化
もっと効率化
いちいち迷わないように
するために選択肢を絞る
＝ 標準化

図2-2　最適化、単方向への硬直化

で捕捉できなくなる。つまり、「良い仕事」を成り立たせるためにはいっそうの現状体制の維持が不可欠となる。

仕事全体についての理解が個々別々によって分断されていくため、やっていることの中身がわからないということが多くなる。だから、仕事にあたっての説明は厚く、長くなっていく。会議はさながら「御前会議」のごとく、仕事の実行者あるいは外部の協力会社が管理者に向けてとうとうと中身を説明し、最後に一言二言の意見をもらい、決裁を仰ぐという様相を呈する。もちろん、何回も説明をやり直すようなことはあってはならない。一回の会議で抜け漏れなく回答ができるよう用意しておかなければならない。

説明の資料は極めて厚みを増し、情報が青天井で増えていく。すると、説明資料に不思議なパターン性が生まれ出す。表計算ツールのセルを升目状にした「方眼紙」のような使い方を見たことがあるだろう。それと似たような不思議さを感じさせる、プレゼンテーションツールで作られた資料がある。資料の一枚一枚が端から端までびっしりと文字や図形を敷き詰めた、まるで「折寿司」のような説明資料だ。

当然ながらそのような資料を読み解こうとしても頭に入っていかない。どこが要点なのか、どう解釈すればよいのか、まとまりが得られない。読んでもわからないから、口頭による説明が必要になる。この説明が、もちろん長い。先に述べた御前会議にはぴったりの方法なのである。

なお、こうした説明は相手が変わる場合に再度行う必要があり、大きな組織の中では繰り返し繰り返し同じ話をすることになる（あまりにも長い話が反復的に行われるため、動画を1本撮っておけばよいのではないかと思うくらいだ)。こうした会議が日中を埋めつくしていくことになる。不思議なことに、この状況についての改善はとりあげられない。

方法の最適化についてここまで述べてきたが、この時点で、第1章で触れた「探索」の志向性とは完全に直交する。最適化にはまだもう2つの観点がある。

体制の最適化

すでに触れているところだが、「良い仕事」の遂行にあたっては体制のあり方についても問われる。チーム、部門、あるいは外部の協力会社を含め、さまざまな単位、粒度の組織体が関連して仕事が成り立っていく。ここでも「間違い」を極力減らすためには、お互いの意思疎通に必要な情報を十分に抜け漏れなく表現し、間違いなく伝えなければならない。いかに情報をあらかじめ詰め込めるかが勝負だ。それを受け止める方は、折寿司のごとき説明資料や方眼紙に埋め尽くされた記述を読み解かなければならないのだから、読解力は相当に問われることになる。

こうした状況が根強くある背景には、「分業」への志向性が存在する。そもそも関係間で間違いを起こさないようにするためには、情報の受け渡しが少なく済むようにすればよい。なまじ受け渡す情報量が増えるとノイズのような不要な情報も増えて、解釈に誤謬が入る可能性を高めてしまう。判断や行動に迷いが起きないようにするためには、ある仕事を完遂するにあたりできるだけ人同士の接点を持たなくても済む状況を作ることだ。

そう考えると、部署やチームを越えた絡みが減るようにきっちりと領域や役割を決めて分業に徹していこうとなる。もっと言うと、部署やチーム内での一人ひとりのレベルでも分業を明確にする。お互いの仕事の被りをなくすことで、目の前の仕事に埋没していればよいという状況を作ることがこの文脈でいう最適化だ（図2－3）。そうは言っても、やっている仕事の共有は必要だろう？　もちろん、管理者に向けた御前会議を開くので抜かりはない。

一つの部署、チームであっても、お互いに非依存で（この時点で〝チーム〟とは呼べない）独立した状態を作っていくと困ったことが起こる。仕事自体が増えた場合にどう対処していくかだ。仕事の数＝人数となると、常に人を増やしていかなければならない。それは現実的ではないので、おのずと一人で背負う仕事が増えることになる。いわゆる「兼務」が増える。

兼務が増えている、兼務が当たり前になっている組織が昨今はほとんどではないだろうか。さまざまな組織を垣間見てきたが、兼務の問題がない組織はない。兼務がうまく機能しているというのも聞かない。聞こえてくるのは、一人でいくつも仕事を抱えることによる疲弊感だ。結果として、兼務によって仕事の仕掛りは増え、一人の人間がさばける仕事量は相対的に減り、組織全体としての速度を落としていく。

本来は管理職といわれる役割が個々人の稼働管理を行っていたのだろう。しかし今日において純粋な管理職とはほぼ絶滅していると考えられ、いわゆる〝プレイングマネージャー〟と呼ばれる、管理と自身の仕事の両方を抱えた役割の存在がほとんどだと思われる。そんな状態で、配下組織の適正な

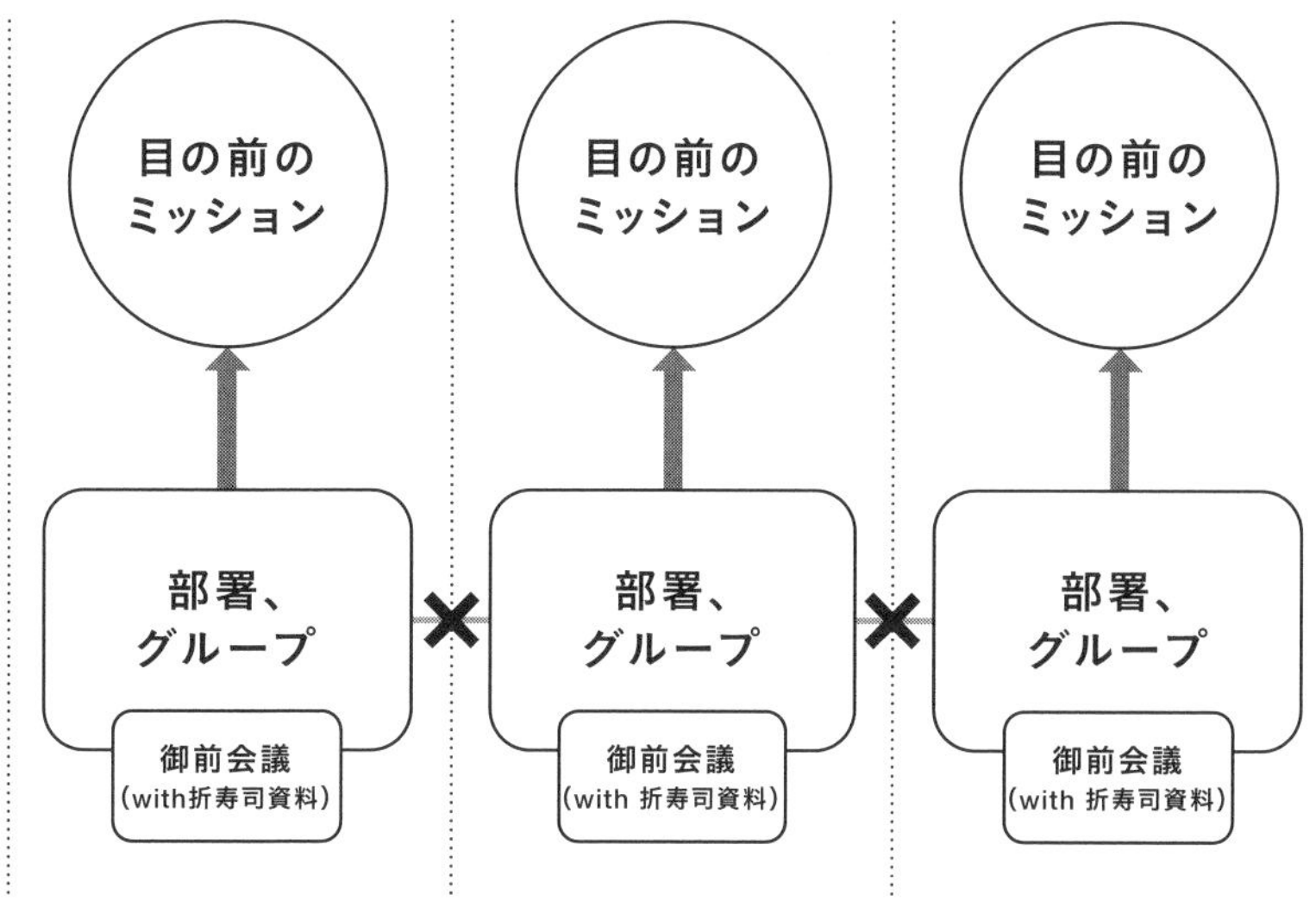

図2-3　分業(分断)をもたらす、体制の最適化

稼働管理を行うのは当然難しくなる。

ゆえに、今日の日本の組織でリソースマネジメントが行われているかは大変怪しい。一人が1ヶ月仕事をした場合の工数を〝一人月〟と数えるが、兼務が増えるとゼロコンマをつけて人月の分割を始めることになる（そもそも今日における仕事は時間の分量だけで単純に成果を期待できなくなってきている）。兼0・3人月、0・2人月、0・5人月などと、数字上のみの辻褄を合わせることに現実感がなくなっている）。兼務問題の蓋を開くと、この数字合わせすらもやっていない事実が見えてくる。最初から、物理的に所要時間が溢れているという状態がある。こうなると、「良い仕事」ができるかどうか以前の問題で、人の崩壊を招きかねない。

過度な分業で対処できない問題は量だけではない。後に述べるように、取り組む仕事の複雑性が増し、そもそもチームであたることが前提となったり、部門を越えた協働を進めていく必要が増した場合にも対応ができない。いかに互いに疎通する情報を減らし、接点を最小限にするかという方向性に対して、チームによる取り組みや協働は直交する。そもそもチームで仕事することに慣れていない、知見がないところから始めなければならないのだ。こうした状態は、チーム仕事を前提とするソフトウェア開発の領域からすると驚きさえ感じるところだ。

道具の最適化

「間違わない」ためには、迷わないようにしなければならない。方法や体制はもちろん、使う「道具（ツール）」も標準で定めておくべきだ。確かに、組織の中でコミュニケーション手段がいちいち異なっていると、認識合わせがままならなくなる。連絡がつくつもりで共有や依頼をしたはずが、相手はまったく受け止めていないということになれば仕事が成り立たない。

また、道具自体の安全性を組織として担保しておく必要もある。この四半世紀を見ても、セキュリティに関する懸念は高まる一方で、的確な組織としての対処が求められている。職場や現場の思い思いで道具を使ってよいとすると、組織の「間違う」リスクを高めることになりうる。

このように、効率性や安全性の観点で使う道具についての基準を規定するのは必要なことだ。しかし、道具の最適化とは「固定化」ではない。常に状況に適した道具は何かと見直し、より効果と効率の良いものにアップデートしていくことである。方法や体制の考え方も同様であるが、道具（ツール）はさらに足が速い。時とともに時代遅れになり、自組織の効率性を知らぬ間に落としているということがざらにある。

たとえば、いまだに組織外とのやりとりにメールしか使えないとしたら。あるいは、いまだに物理ファイルをフォルダで管理するということをやっているとしたら（さらに言うと、残念ながらいまだ紙による管理が残っているとしたら）。今すぐに社内の規定を捉え直す必要がある。

幸いにして、使う道具の試行錯誤は最小限で済ませることができる。たとえば、メールの代わりとしてチャットツールを用いるにしても、どれが良いのか選択に迷うところである。実際に、SlackやTeamsに辿り着くまでにしばらくの変遷はあった。しかし、今となっては王道にあてはまるツールは見えている。今ここにおいて、あえてニッチなツールを利用する必要はほとんどない。「試しに使ってみる」が必要な領域と、すでに世の中的な評価が決している領域とがあるということだ。ある種のリープフロッグよろしく、一足飛びに王道に飛びつけばよい。もちろん組織の適応には相応の時間がかかるため、移行を拙速に行えばよいというわけではない。

最適化の最適化は止まらない

方法、体制、道具。この3つの最適化によって日本の組織は成果をあげてきた。必要なものを必要な時までに必要な場所（相手）に届け、なおかつそれを効率良くやってのける。しかし、それはシンプルにインプット–プロセス–アウトプットが成り立っている場合においてのことだ。この式が崩れる可能性はどこか。プロセスは自分たちの標準で固めている。あるとしたら、インプットとアウトプットの前提が変わるときだ。

インプットは、具体的に仕事を手掛けるにあたっての所与の条件、要件にあたる。もちろん仕事の結果を享受する顧客からもらう。この条件や要件があいまいになったとき、私たちの仕事は脆くも崩れ、成り立たなくなる。顧客が条件や要件を示せないのは、片側のアウトプットを描けない場合だ。つまり、何を作るべきか、何をゴールと置くべきか、顧客自身が決めることができないときだ。ゴール（アウトプットイメージ）を定めずして仕事が始められるわけもない。ところが、いま私たちが直面している状況とは、まさしく正解が最初から描けないなかで何が価値となるのかを模索するところから始めることなのだ。

コロナ禍で物理的な環境制約が変わったように、組織よりも先に個人がデジタルに適応した社会となったように。前提はときに大きく、ときに人知れず漸次的に変わっている。そう、変化は目に見える生活スタイルだけではなく、人の価値観や志向性にも起こる。当たり前のようになった、時間や場所を選ばない働き方も、かつては考えられないものだった。変化は少しずつ起きる。ある変化が「前提となっている」と認識できる時点では、もはや誰もが気づけるくらいの差分になっている。そして、変化への適応を見過ごしてきた組織が取り残されることになる。次の時代もこれまで通りで生き残れるかどうか、その前提こそ置けなくなっている。私たちは、前提が変わった社会、環境に適した事業のあり方を見出さなければばならないのだ。

こうしたなかでは、不確かな条件や要件をあたかも正解のように置いて仕事をむりやり進めていくことも、用をなすかどうかもわからないもののスペック（仕様）を早期にむりやり決めることも、合意したことを盾にして手戻りなく前に進めようとしても、的を射ない。

決め打ちで決めた条件や要件とは、関係者の勘とそれまでの経験にもとづく判断によるものである。何がゴールか正解かわからない環境下で、これまでの経験を頼りにした判断基準がどれほど用をなすのか。

場合によっては、自分たちの限られた経験で「仮説」を立ててみようということもある。勘と経験の決め打ちでそのまま進めるより、何が必要なのかと仮説を立ててその検証を行うほうが期待ができる。ところが、得られている情報（インプット）が極めて少ないため、仮説を立てようにも立てられない。

あるいは、むりやりにでも仮説を立てるので極めて浅い内容になったりする。「少子高齢化社会における人手不足を解消するためにデジタルを活用する」「データによって製造業の効率性を高める」といった具合の仮説を置いたところで、もちろん具体的にどんな課題をどのように解決するのか定まりえない。


3つの最適化で鍛えあげてきたプロセスは、「何が正解かわからない問題」には手も足も出ない。


それはそうだ。あくまで、得られたインプットから期待するアウトプットまでいかに正確に早く辿り着くかの手順でしかないのだから。目指す方向性がわからないなかで標準を守り抜いたところで、「間違ったこと（役に立たない、意味がないこと）を、正しくやる」域を出ることはない（図2－4）。

こうした事態に直面して、極めて芳しくない結果を評価するのだから、当然仕事の進め方自体を見直す必要に迫られるだろう。最適化の強みは「改善」にある。結果が出ていない以上、インプット－プロセス－アウトプットの式全体の捉え方を変えなければならない。

ところが、最適化メンタリティでの評価は妙な方向へ歩き始める。評価基準も、その基準を用いて評価する者も、「良い仕事」の定義が変わっていないため、前提が変わらない。あくまで、正確に早

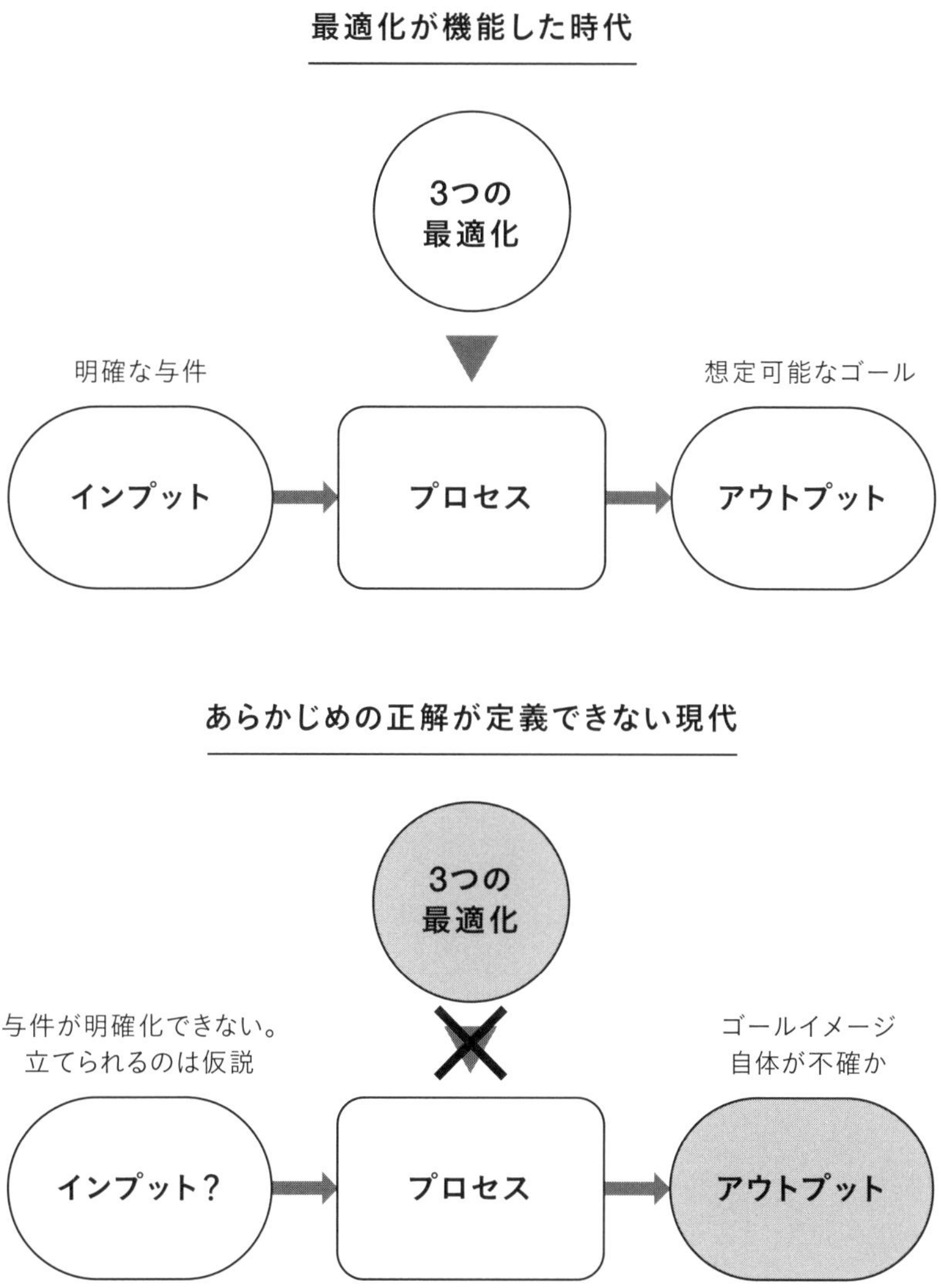

図2-4　何が正解かわからなければ、最適化は用をなさない

く結果に辿り着けるようチェックリストの項目を増やそうだとか、レビューの回数が足りないのだとか、計画を立てるために事前の調査を綿密に詳細に行おう、契約書のレベルで事前に詳細なスペックを顧客に明記してもらおう、といった「間違わない」ための強化がとられる。**「やっていることがそもそも正しいのか？」という問い直しではなく、「やっていることが正しくなるための改善」が選択される**のだ。

評価基準も評価者のメンタリティも変わらないとしたら、結果の評価も変わらないことになる。むしろ、やれることのなかでは十分にやったと組織内だけの一定の評価は得られる可能性もあるだろう。誰も、その評価を否定できるほどの基準と代案を持っていない。最適化の最適化は止まらない。

2-2 ―― 目的を問い直す

ここまで、あえて「良い仕事」と表現してきた。何をもって「良い仕事」となるのか。その基準が変わったとき、「最適化」だけでは太刀打ちできない。最適化でしっかりと型取られた組織のあらゆる運営と、そこにいる人々のメンタリティが変わらないかぎり対応ができない。コロナやＤＸ、いやもっとその前から日本の組織がすでに突き当たってきた限界、閉塞感。こうした、社会や環境から組織への変化の要請に引き続き目を瞑り続けられるほど、組織に残された時間は長くはない。

組織は戦略に従い、戦略は意図に従う

組織の「改善」が、あくまで定められた標準のもとでの行為、行動の改善にとどまるならば、適応不全は解消しない。単に行為や行動の改善を講じても、そもそもの組織の「方針」が問題と合っていなければ効果がない。最適化に最適化している組織の多くが採用している方針とは、「間違わない」ことだ。間違わないために、事前の計画をより詳細にする、詳細にできるようにするために事前の調

査を綿密に行う、それ以外のことにお金も時間も使ってはならない、というのでは、いつまで経っても「そもそも何が必要なのか、価値があるのか」という問いに向き合うことさえできない。「良い仕事」が、今時点でわかっていることを確実に形に仕立てることなのではなく、何が本質なのかを捉え直してそれを実現していくことなのだとしたら。期待する成果と方針を一致させねばならない。しかし方針は容易には変わらない。

なぜなら、方針のさらに背景にある「意図」が変わっていないからだ。組織として何を目指すのか。たとえば、高品質の製品を作り出し、世の中に広く届けることが組織の意図ならば、あくまでスペックにこだわり、ムダを極力省き、コストをいかに下げるかという話になる。もちろん、この意図を実現する組織の方針、戦略は、「間違わない」からぶれることはない。

組織は自ら定めた方針や戦略に基づき、自らの実行を律していく。そして、方針や戦略は意図に従う（図2－5）**。**意図とは、組織が存在する意義に値する。組織が自ら定義するだけでは成り立たない。社会や環境と適合した意図でなければ、その存在が受け入れられないことになる。ゆえに、意図に立ち返り、どうあるべきなのか、どうありたいのか、「われわれは何者なのか？」を自ら問い直す必要がある。もちろん、組織の意図は社会や環境とのキャッチボールとなるから、継続的に立ち返らなければならない。

このレベルの問いは誰が行うべきなのか。事業ならば事業責任者か。組織ならば経営者か。職場や現場、組織を構成する大多数は問い直す必要はないのか。今までは、問う機会自体がなかった。なぜなら、組織の大多数が仕事のための判断や行動を迷わなくすることがこれまでの「方針」だったのだ

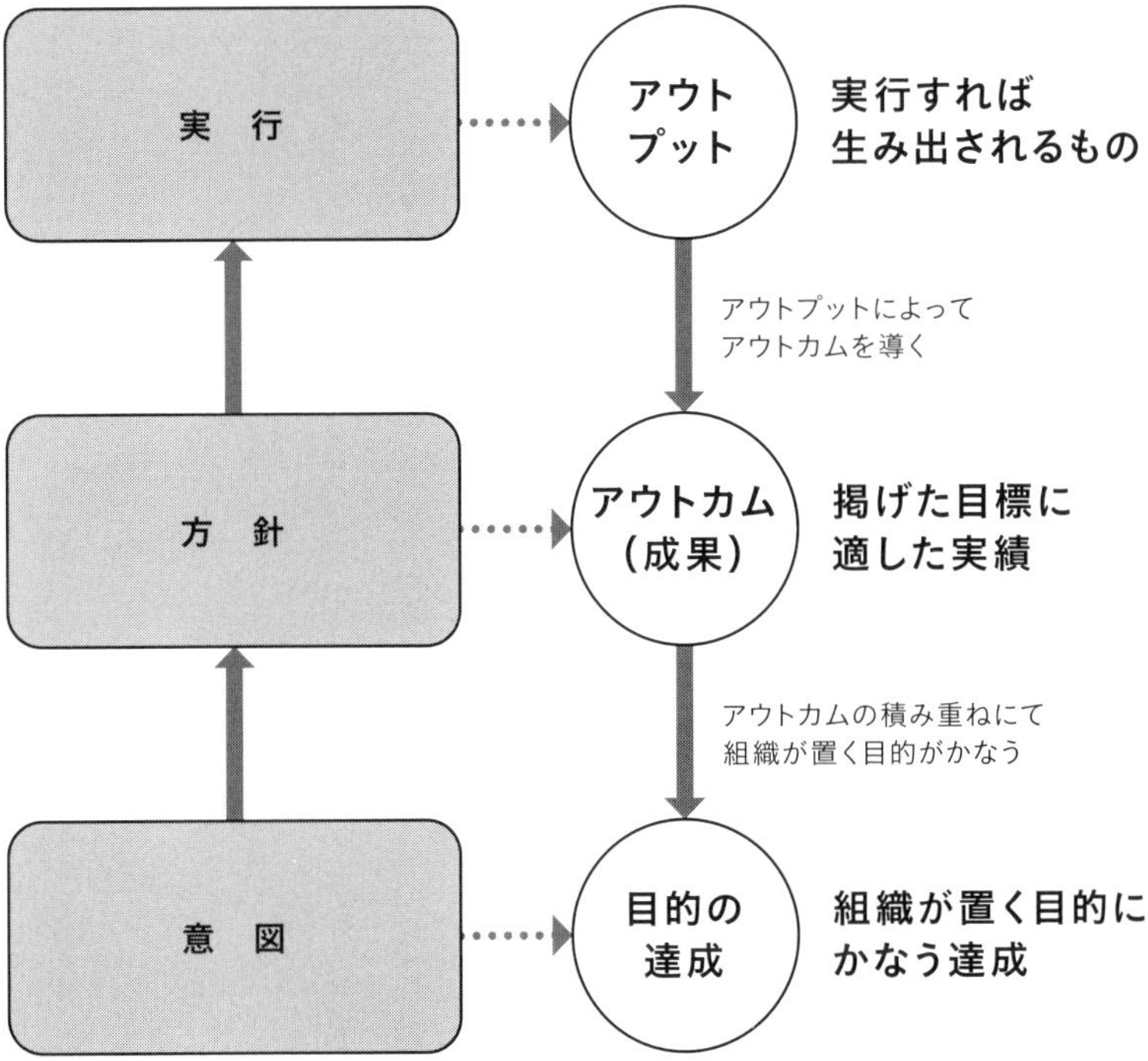
実 行
アウトプット
実行すれば
生み出されるもの
アウトプットによって
アウトカムを導く
方 針
アウトカム
(成果)
掲げた目標に
適した実績
アウトカムの積み重ねにて
組織が置く目的がかなう
意 図
目的の
達成
組織が置く目的に
かなう達成

図2-5　実行、方針、意図

から。

だから、不思議なことが起こるのだ。顧客への価値提供が現実に行われるのは、あくまで前線の現場だ。そこで「良い仕事」にならない問題に直面する。うまくいかないから、おのずとこれまでの仕事の方法、体制、道具とは違う工夫、選択肢を講じるようになる。問題に直面したら改善するという行為、行動がしっかりと根付いている強い組織では当然のように行われる。

しかし、肝心の組織の方針が変わらないままでは、とれる工夫、判断も限られることになる。「これまでの意図」では説明をつけられない目の前の不都合な結果もあり、現場から「これからどうするのか、どうあるべきなのか」と組織に打診する。しかし、根本（「これまでの方針（効率への最適化）を変えるのか？」）に対する回答はあいまいだったり、明確でなかったり、やはりこれまでの意図の延長によるものでしかなかったりする。

これまで、誰も意図や方針の根本まで問い直す機会がなかったとしたら。組織の芯を捉え直す力自体が弱く、存在さえしない可能性がある。かくして組織は不思議な状態を現し始める。芯（これからの意図、それに即した方針）がなく、外周の現場活動のみが問題を抱えて右往左往する、まるでドーナツのような組織（図2-6）。

歴史ある伝統的な企業や規模の大きな企業では珍しくない事象だ。ちなみにドーナツ組織の反対は、芯（「われわれはなぜここにいるのか？」）がとてつもなく硬く、外周の現場活動がまだまだ未成熟な、新陳代謝の活発な組織、ベンチャー・新興企業のイメージとなる。こうした芯の硬い組織はこれからに向けては強い原動力を宿していることになるが、行き過ぎると融通が効かず、うまく外周の実を作れ

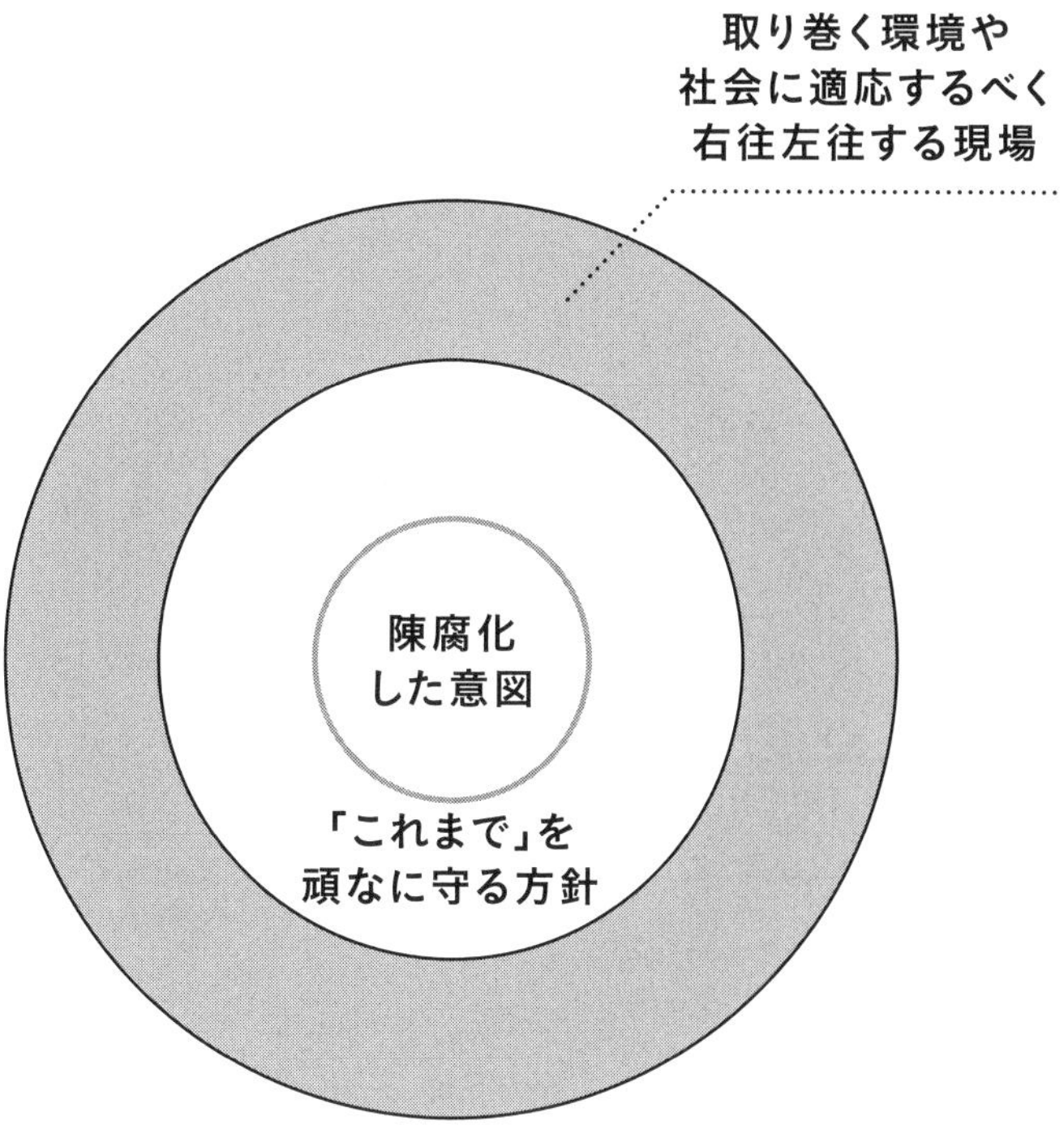

図2-6　芯を欠いたドーナツ組織

ないままになる可能性もある。組織には環境に適した形態が常に問われる。

組織の中心に何を据えるのか

いまだ、かつての強い日本を支えた**「効率への最適化」**が呪いのように組織を縛り続けている。いや、この見方は正確ではない。真に「効率への最適化」が組織に組み込まれているならば、どう見ても効率的ではない状況に対してオートマティックに是正がかかるはずだ。仕組み化されているといっても、そこまでの機能性があるわけではないのだ。だからこそ、人の手で判断しなければならない。

そう、厄介なのは「標準」をただ書き換えればよいというわけではないということだ。言語化された表記を越えて、時間とともに組織の中で育まれてきた方針、戦略は、紙にではなく人に宿る。何が正しくて何が間違っているかが、人から人へと伝えられ、人と人とのあいだの**「認識」**として形成され、組織の「意図」をさえ塗り固めていく(図2－7)。私たちは、人の「意識」の更新に挑まなければならないということだ。数百、数千、数万の。

ある意味で**「遺産」**と言える。組織に宿った「認識」を、新たに入ってきた人たちもきっちりと受け継いでそれを頑なに守っていく。おそらく読者の多くは、ノスタルジーとともに語られる「強かった日本」というものに実感がないのではないか。私にもない。組織の「今」を背負った者たちには存在しない**「記憶」**が、時を超えて私たちを方向づけ続ける。これまでの「方針」では直面する状況に勝ち

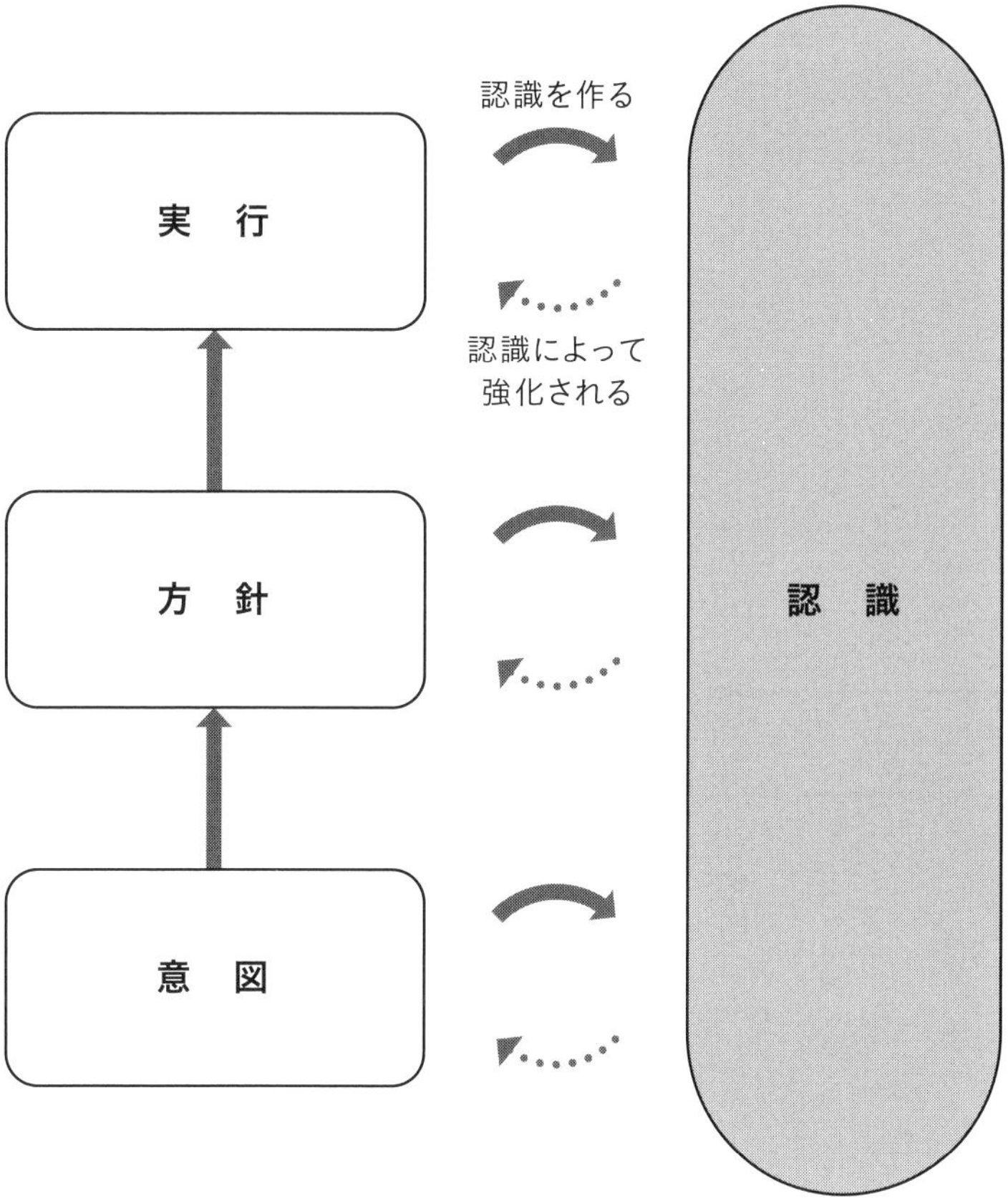

図2-7　組織を塗り固める「認識」

目がないことを、もっと言うとこれまでの「意図」も組織を取り巻く社会環境ともはや合致していないことを、誰もがほぼ気づいているというのにだ。

強かった時代から続くとされるこのジャーニー（旅）をいつまで続けるのか？　この不本意な旅をいまだに続けているのは、「標準」と「最適化」に代わるものを持ち合わせていないからである。これまでのあり方とやりように代わって、私たちの組織活動を支える「運営と組織構造」をいまだ組織に持ち込めていないのだ。

目の前の現実を正しく解釈し、適した意思決定と行動をとる。そのためのすべを一つのチームや部署にとどめるのではなく、経営から現場に至るまで新たに宿さなければならない。「最適化」への最適化から抜け出すのと同時に、今どうあるべきなのかを問い直すための「探索」と、そして「適応」のすべを新たな「認識」とする。そうでなければ、組織がこの先も生き残っていける算段がつかない。新規に事業を起こす際にはもちろんのこと、既存の事業においても、組織は社会や環境からの要請と期待に応えられなくなっている。

新たな旅を始める動機はもはや十分だ。しかし、すでに行く手は阻まれている。問題はすでに述べたとおりだ。いったい私たちは、具体的に何を自分たちの中心に据えればよいのか？

2-3 ― アジャイルという福音

手がかりはソフトウェア開発の世界にある。ひとつ、この本の最初の結論をここで述べよう。組織が「選択肢自体を自ら作り出す」ための構造とすべを備えるためには、ソフトウェア開発の文脈で育てられてきた**「アジャイル」**という実践的な概念を取り込むことが必要だ。ただし、「アジャイルが新たな組織運営のモデルとなる」と結論づけるにはまだいくつもの壁を乗り越えていかなければならない。

なぜアジャイルなのか？　アジャイルとは何かについてはこれから示していくが、そもそもアジャイルとは、ソフトウェア開発の文脈において「探索」と「適応」のために確認され育まれてきた智慧なのである。そのすべを組織が「最適化」のオルタナティブとして加えていくことは、まずもって方向感として理に適っていると言える。さらには、アジャイルがすんなりとソフトウェア開発の世界で取り入れられなかった事実、アジャイルの前にウォーターフォールという硬い「認識」が存在していたことも、いま組織が直面している状況と類似している（図2－8）。

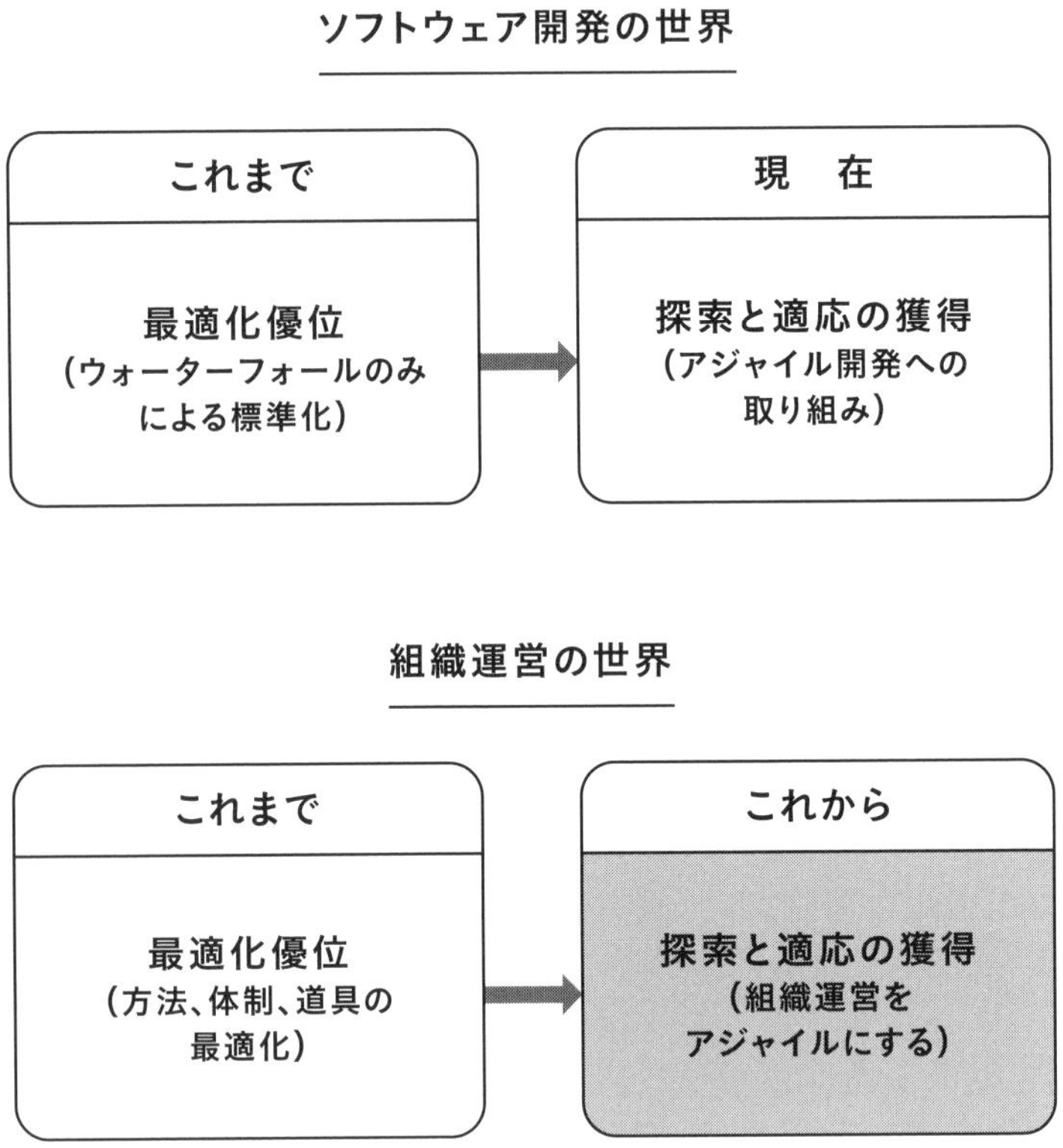
ソフトウェア開発の世界
これまで
最適化優位
(ウォーターフォールのみによる標準化)
現　在
探索と適応の獲得
(アジャイル開発への取り組み)
組織運営の世界
これまで
最適化優位
(方法、体制、道具の最適化)
これから
探索と適応の獲得
(組織運営をアジャイルにする)

図2-8　組織運営への「アジャイル」の適用

アジャイルとは何か

アジャイルは、端的に言ってソフトウェア開発のあり方を変えた。ただし20年近くの時をかけてだ。アジャイルという言葉が発見されたのは2001年海外においてだ。新たに生み出された概念というよりは、確認され、名づけられた言葉だった。その当時、「ソフトウェアを作るのにうまくいかないことがある。今までのやり方とは違うやりようが必要だから、工夫して取り組んでいる」という人々が集まった。そして、それぞれの取り組み方、その背景、根底にある考えを互いに照らし合わせ、共通する概念を見出すに至った。つまり、アジャイルの源流となる「アジャイルなあり方、やりよう」というのが先に、しかも複数存在し、逆にそれらの共通概念として「アジャイル」という言葉を生み出したということだ。そういう意味で、「アジャイル開発プロセス」という個別具体が存在するわけではない。

実体は、源流として存在した各方法論がそれにあたる。実際には、日本・海外を問わず、アジャイル開発と言えば**「スクラム」**の名前が挙がるくらいスクラムがポピュラーになっている。本来は、スクラムもアジャイルの流派の一つといった位置づけである。

スクラムとは、その公式ガイドブックたる『スクラムガイド』で次のように定義されている。

「複雑な問題に対応する適応型のソリューションを通じて、人々、チーム、組織が価値を生み出すための軽量級フレームワークである」

スクラムは**経験主義**をその礎としており、その実現のために3つの原則**「透明性」「検査」「適応」**を掲げている。透明性とは、プロセスやアウトプットが見えるようになっている状態のことである。仕事を行う人と、その仕事の結果を受け取る人にとって状況が見えていなければ、次に行うべきこと、その判断ができない。透明性が確保されているから「検査」が可能となる。検査は、潜在的に望ましくない変化や問題を検知するために行う。検査を行うから、その結果から「適応」を導くことができる。適応が得られない検査に意味はない。スクラムに臨むチームは、検査によって新しいことを学び、その瞬間に適応することが期待されている。このゲームのより詳しい運営方法については第3章で適宜述べていくこととする。

さて、海外の開発の達人たちが開発方法のオルタナティブを模索したように、先に存在していた「ウォーターフォール」という方法にはその適用がうまくいかないケースが存在した。簡単に説明すると、ウォーターフォールとは仕事の区切りを「フェーズ」という分類で区切り、全体としては順次単方向に仕事を進めていく方法論として認識されている。ソフトウェアを作るというのは思いのほか大変なもので、作るべきものについての認識が一つずれているだけでも、大きなやり直し、手戻りになる可能性がある。開発の規模が大きくなるほどに、こうした認識齟齬は影響が大きくなる。認識齟齬がそのまま世の中に出回ってしまうと、ソフトウェアの想定外の動作により、工場が止まる、銀行のATMが止まる、ということが起きる。

ゆえに、「間違わない」ように、工場における製品製造の考えと同じく、作るべきものを決め（要件定義）、その仕様と作り方を決め（設計）、実際に作り（開発）、できたものを検査する（テスト）という流れを置く。要件定義、設計、開発、テストをひとつずつフェーズとして区切り、各フェーズを終えた場合は前フェーズに立ち戻らないという約束を置いて進める。フェーズごとに関門（ゲート）を設け、厳密に内容をチェックし、顧客とその合意形成を積み重ねていくようにすれば「間違わない」という目論見だ。

前節を読んだ皆さんならもちろんお気づきだろう。上記のように定義したウォーターフォールは、「最適化」の話に通じる。ウォーターフォールの適用がうまくいかないケースというのも、まさしく「顧客がアウトプットイメージを持っておらず、事前にインプットを定義できない」という状況のことだ。定義できないゴールを決めて、合意形成したていにして進めていったところで、良いことはない。問答無用で作り直させられるか、顧客側が泣き寝入りすることになるだけだ。こうした適応不全は、もちろん海外だけではなく日本でも同様に直面する問題だった。

「なんだ、ウォーターフォールというやり方はろくでもないな」と思われる方もいるかもしれない。しかし、実際のところ問題は、プロセス、方法論の中身にあるのではない。適した局面での適用ができていないこと、つまり適用する側に責任がある。

ウォーターフォール的な進め方は、あらかじめ作るべきアウトプットが正確に定義できて、何をすべきかが明確にできる局面にフィットする。では、なぜ、そうした方法を用途が合っていない「探索」が必要な局面でも適用してしまうのか。ここが組織の最適化への最適化問題と通じている。開発会社における「標準」が、ウォーターフォールのほぼ一択になっていたからだ。いかなる場合にも方法は一つであり、必ず適用するべしでは、不確実性も複雑性も高い現代社会では歯が立たない。

ただ実際には、「標準」と言ってもテーラリング（修整）が認められていることも多い。状況に合わせて、方法を見直して取り組むべきなのだ。そうした余地を標準の中に残しながら、その実、「ではアジャイルで」ということにはならなかった。先に述べたとおりだ。**人のあいだにある「認識」が、標準の基準を越えて、自分たち自身の行動を制約してしまう。**

だから、かつては「アジャイル」という言葉を用いずにアジャイルなやりようを取り入れるというのがせいぜいできることだった。20年前の日本の現場においても「アジャイル」は希望だった。誰もがろくでもないひどい仕事を好きこのんで手掛けたいわけではない。現実には、方法（ウォーターフォール）と実際（アウトプットイメージがない）が合っていないことで、圧倒的な手戻りが発生してしまう。やがて、何を果たすべきなのか、目的さえも見失いながら、それでも空気のようなコミットメントを果たすために、とにかく目の前の仕事に挑み続ける終わりのない状況へと進んでいくことになる。こうしたプロジェクトを、畏怖を込めて「デスマーチ（死の行進）」と呼んでいた時代があった。

アジャイルが提案したのは、まさしく探索の方法だった。計画のすべてをあらかじめ立てようとすることに無理があるならば、最小限の計画づくりでもって仕事を進めていく。そのままでは結局よくわからないまま無謀な前進を続けるだけになるので、**「タイムボックス」**というある一定の期間を設けるようにする（言葉どおり、時間をサイズの決まった箱のように区切り、その時間単位の反復によって仕事を進めていく考え方）。この一定の期間は、ソフトウェア開発で言えば1週間か2週間ということが多い。タイムボックスを終えるところで、自分たちの活動を評価し、見直す。何が達成できたのか、取り組みから何を学ぶことができたのか、明確に捉えるようにする（図2-9）。つまり、小さく始めた仕事

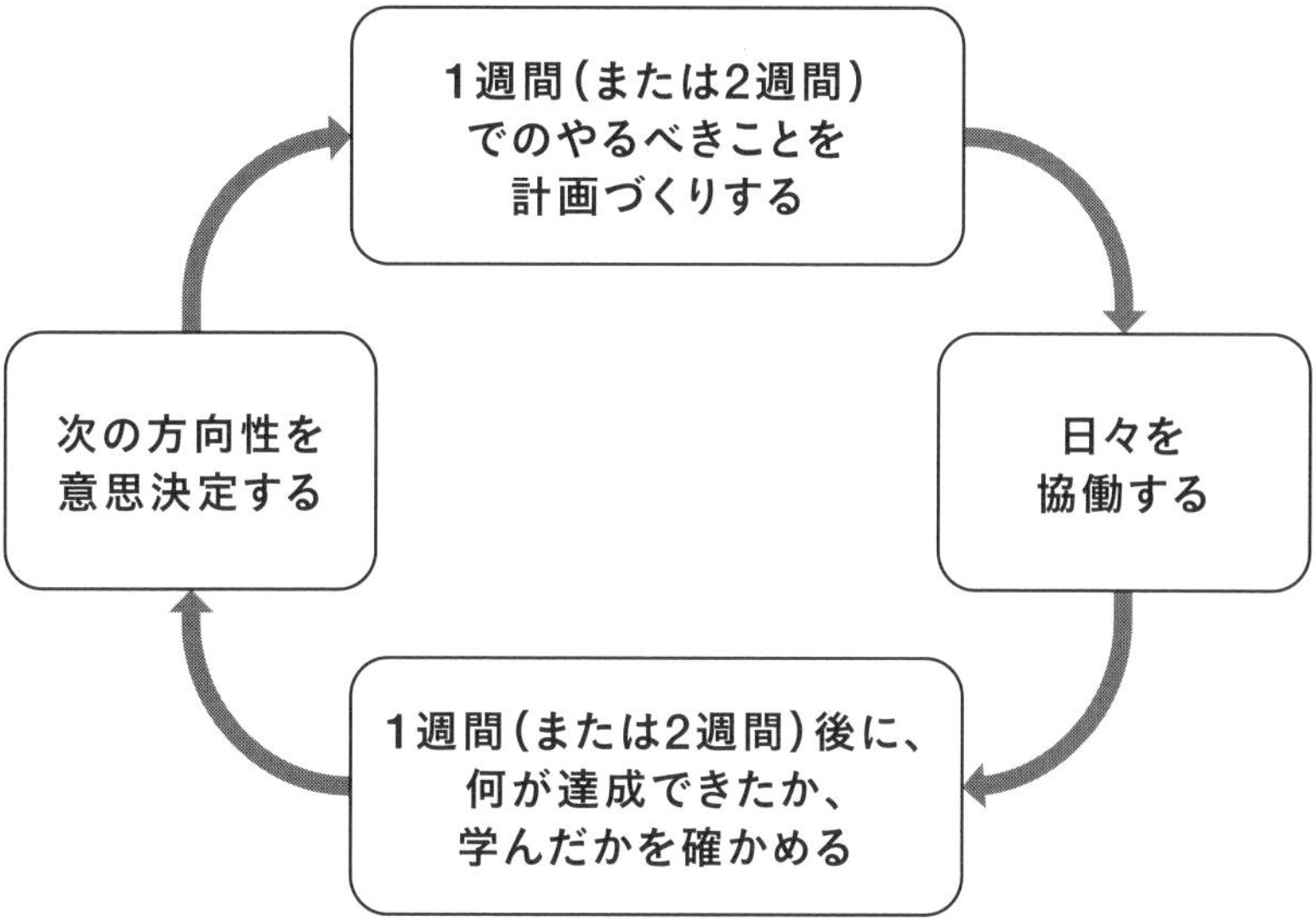

図2-9　アジャイルな探索の方法

の結果から学びを得て、次のタイムボックスに向けた意思決定を行う。

アジャイルをどう捉えるかは、働き方やチームのあり方まで含めて実にさまざまな観点がある。ここまでの本書での展開を踏まえると、**「適応の機会をあらかじめ設けること」**と言える。いつかできるときに適応（活動の評価と見直し）しよう、ではない。タイムボックスという時間の区切りにもとづいて、適応の機会を必ず通過するようにする。一度始めたら、立ち止まり、立ち返ることがなく行き着くところまで進み続ける最適化とはまったく異なる。自分たちの活動の評価と見直しの頻度を高め、最初は見当違いであっても徐々に的を射られるようにするためのあり方なのである。

ソフトウェア開発では、タイムボックスベースでの活動を繰り返し繰り返し反復的に行う。意図としては、タイムボックスを重ねるほどにアウトプットが積み上がっていき、具体的な成果を得ること。そして何よりも、行動の過程とその結果から学びを得て、アウトプットをより適した方向へと持っていくこと、加えてそれに取り組むチームの仕事の仕方そのものをより良くすること。

少しずつ少しずつ、繰り返し繰り返し仕事を進める。**そうして手に入れるのは、徐々に正しくなる（＝人に必要とされる）アウトプットと、正しい仕事の習慣と高い意識を育んだチームそのものである。**

〝救世主〟の裏切り

少なくない現場の実践者たちがアジャイルに熱狂した。アジャイルを身につけることで、きっと状況を変えることができる。目の前で繰り広げられる絶望へのアンチテーゼとして、いや、私たちがまだ見ぬ新たな価値を生み出すというもっと前向きな挑戦のために。アジャイルは救世主にほかならなかった。

ところがである。アジャイルの適用はまったくと言っていいほどうまくいかなかった。2001年以降2010年頃に至るまでの10年は、アジャイルにとっての暗黒時代と呼んでも差し支えないだろう。海外での適用事例やコミュニティで伝え聞くわずかな知見を頼りに、私たちは何度も自分のプロジェクトに適用しようと試行錯誤した。社内においては、同僚、リーダー、そしてマネージャーへと働きかけを行い、その理解を得るために多大な労力を費やした。なにせ、これまでの最適化の方向とはまったく異なる方角へ踏み出そうというのだ。この誘いはかなり分が悪い。

また、どういう種類で、どのくらいの規模のプロジェクトがちょうどいいのかもわからないから(アジャイルについての自分たち自身の力量だってわかっていない)、適用にも失敗する。アジャイルの適用は、どんな組織にとってももちろん初である。知見はない。だから、当然のように失敗する。期待する期限までにアウトプットが揃わない、期待する品質まで到達できない、期待する範囲が実現できない、予定のコストも越える。一通りのパターンで失敗することになる。

しかし、たった一度の組織初の失敗であっても許されることはない。最適化という鉄の掟をかいくぐって見いだされたワンチャンスだったのだ。その組織で二度とアジャイルなんて言葉は俎上にあがることがなくなる。こうした失敗は、どの組織、どのチームでも起きていた。だから、アジャイルの知見を共有するコミュニティなどに行くとだいたい失敗談が並ぶことになる。そんな状況が延々と10

年近く続いたわけだ。まさしく死屍累々の歴史の上に現代のアジャイルはある。

もうひとつ付け加えておくと、ソフトウェア開発におけるアジャイルには、確かなエンジニアリング技術を伴って然るべきであるところがある。つまり、ソフトウェア作りに関する技術、技量がなければ、そもそも少しずつ少しずつ反復的にアウトプットを作り上げていく展開が実現できない。

組織内の理解を得ていくことに加えて、そもそもの技術課題、さらにアジャイルの前提となるチームで仕事を手掛けることへの熟達。あらゆる意味でアジャイルは難しすぎる、だからうまくいかないのだ。そうした理解は、しかし本質を捉えたものではなかった。本質は、人と人とのあいだにある「認識」の齟齬にあったのだ。

なぜアジャイルなのかという問いをともにする

ソフトウェア開発は、顧客と開発チームで行う。両者の認識が揃わなければ期待する結果にはならない。認識の齟齬とは、この顧客との期待合わせがまったく揃っていなかったところにある。そう、最適化の呪縛は漏れなく顧客にもかかっていたということだ。考えてみればそれはそうだろう。自分の組織の理解を得るのに苦労するように、顧客もまた「これまでの通念」にもとづいており、同じく理解を得ねばならない。

しかし、「アジャイルとはどんな方法なのか」「どういう解決策なのか」という理解をいくら合わせても、顧客との期待は合わない。顧客は方法や解決策の説明をどれほど耳にしたところで、これまで通り納期と品質とコストと実現範囲で囲まれた「確実な仕事（これまで通りの〝良い仕事〟）」を求めるだけだ（それしか基準がないのだから）。

顧客とともに問うべき内容を変えなければならないのだ。「アジャイルとは何か」ではなく、**「なぜアジャイルなのか」「アジャイルで何を解決するのか」**だ。必要なアウトプットのイメージが描けていないところで探索的に仕事を進めなければならない、だからこそアジャイルに（顧客も含めて）私たちは踏み出していくのだ、と。この問いが顧客とともにできていないまま始めてしまうからアジャイルは期待違いで終わる。

この、「これまでの通念」というのは実に厄介である。「このプロジェクトにはまだ確かなゴールイメージがない、だから探索的に取り組む必要がある」という命題が顧客と合っていながら、それでも「アジャイルは期待外れ」に至ってしまうことがある。探索に臨むのに、その成果の評価基準が引き続きの「納期・品質・コスト・実現範囲」の達成になったままなのだ。「何が成果なのか」から問い直さなければならない。

「なぜアジャイルなのか」という問いを、自分の組織とも、チームとも、顧客とも合わせる。顧客が取り組みたいこととこれから始めるアジャイルが合っているか。この問いに答えるためには、「言わなくてもわかること（実際には顧客自身もぼんやりとしていることが多い）」と、共通認識の外に置かれたままになりがちな顧客の「意図、狙い」を言語化し表出させる必要がある。

なぜ2010年頃から日本のアジャイルの風向きが変わったのか。それは、意図、狙い、それにもとづく仕事への「期待」を浮き上がらせるための手がかりを得たからである。顧客や関係者の期待をマネージするためのすべ**「インセプションデッキ」**が『アジャイルサムライ』という書籍を通じてチームの手に渡り始めたのだ。

本書ではこの「インセプションデッキ」自体については多くの説明はしない（巻末の参考文献にあたってほしい）が、その内容とは10個の問いで構成されたワークショップである。込み入った内容では決してなく、むしろ非常に単純な内容、構成になっている。たとえば、インセプションデッキで最初に問うのは「われわれはなぜここにいるのか」であり、つまり顧客とチームで共通で追うミッションを問うものである。

実に、この程度の認識すら合わせることなく始めていたのがかつてのアジャイルであり、ソフトウエア開発だったのだ（しかし、現代においてもできていない現場は多いのではないか）。なぜ、私たちはこの仕事に取り組むのか。そのためにどんな制約や条件があるのか。そうした内容はアジャイルと合っているのか。これらをプロジェクトの中盤でも最後でもなく、いの一番に問うようにする。場合によっては問いにくいタフな質問かもしれない。だからこそ、最初にしなければならないのだ。タフな質問ほどプロジェクトが進むにつれて向き合いにくくなる。

しかも、**「期待」**とは時間とともに図らずも変わっていくところがある。顧客もチームも、変わっていることに無自覚なままであることも多い。ゆえに、いま私たちが追うべきものが共通認識になっているか、何らかの事情によって条件や優先度が変わっていないかを問い続ける必要がある。

この点も、かつてのウォーターフォールとは根底から異なるところである。手戻りが起きないように、順次フェーズを進めていくべく、一度に大量の情報を整理し認識齟齬がないかを判断していく性質がウォーターフォールにはある。ここまで繰り返し述べたように、探索を必要とする状況では、いくらその時点のわかっている情報を集めたところで最終的な正解にはならない。目的すら探索によって変わることがあるからだ。

一方、アジャイルはタイムボックスにもとづき問い直しを行う。インセプションデッキで捉えた内容も、適宜ふりかえる対象となる。つまり、一度に多くの情報量でどうにかするメンタリティから、少量の情報を高頻度に取得活用するメンタリティへの移行がアジャイル実践の背景に存在する。このあたりのことを自覚的に認識していない場合、やはり進め方での齟齬、衝突が生まれやすい。

ソフトウェア開発の世界は変わった

顧客とチームで意図の共通理解を常に醸成しながら、これまでとはまったく違った取り組み方に臨む。そんなことができるのは、達人級が揃ったチームにしかできないだろうと思われるかもしれない。だが、決してそうではない。アジャイルの前提に「相当なる練度を備えること」という条件はない。

かつて死屍累々のアジャイルを重ねてきたように、誰もが初めてであって、アジャイルの達人なんてどこにもいなかったのだ。日本に誰一人存在しなかったわけだ。20年前から、アジャイルに携わる者たちが取り組んできたこととは、愚直なまでの積み重ねだ。見様見真似でも振る舞って、その結果が成功だろうと失敗だろうとふりかえって、見直しをする。より望ましい結果に至るためには、どういう考え方をとるとよいのかと、思考にまで遡り、チームの行動を変えていく。

さらには思考にとどまらず、チームの活動がより闊達となり、楽しむように仕事に取り組み、成果をあげていくためには、どのようなモノの見方、何を価値として見るのか、といった観点まで突き詰めていったのだ。今のアジャイルの姿とは、何年もかけて少しずつ少しずつ、まさしくアジャイルのタイムボックスを重ねるように繰り返してきた結果なのだ。だから、アジャイルとは練度の高いチーム向けのものであるという理解は適切ではない。

むしろ、こうした先達の苦労はさまざまなかたちで知見として残されており、今アジャイルに取り組む人たちの下支えとなっている。10年、20年の苦労を繰り返さなくてもよくなっているのだ。さながら巨人の肩に乗って状況を見下ろし、さらに先々を見渡すことができる。そう、**ソフトウェア開発の世界は変わったのだ。**

2-4 ―組織はアジャイル開発の夢を見るか

組織へのアジャイル適用の現実

日本のアジャイルは草の根のコミュニティの活動から始まっている。トップダウンの号令によって導入が始まったわけでも、ベンチャーやスタートアップでの活用が起点だったわけでもない。組織を越えた有志でしかないコミュニティが日常の業務を終えてから夜な夜な集まり(いわば〝部活〟だ)、わずかな知見を頼りに磨きあげたのが起源である。それから20年かけて少しずつ少しずつ歩みを進め、その広がりは次の段階を迎えようとしている。

確かに、ソフトウェア開発の現場において、実践できているかどうかは脇に置き、アジャイルという言葉は実にポピュラーになっている。しかし、あくまでソフトウェア開発の領域においてである。社会全体、組織全体で見ると、ごく一部にとどまっている。

こうした肌感が想像ではなく現実のことであると知らしめたのが、ＩＰＡ(独立行政法人 情報処理推進機構）のＤＸ白書２０２１である。この白書は、日本のＤＸ状況を米国との比較によって徹底的に分析している。ここからわかるのは、まずＩＴ部門でのアジャイルの普及が思いのほか３割程度にとどまっているという点である。

本書冒頭で「アジャイルの啓蒙を20年続けてきた」と豪語したが、その結果が３割程度では寂しい。現に米国での活用は８割を超えている。３割では、キャズム理論で言えばまだアーリーマジョリティに差し掛かったところだ。これからが普及段階と言える。

しかし、ＤＸ白書を引っ張り出した目的はＩＴ部門を叱咤激励したいためではない。より着目すべきは、ＩＴ部門のほか、組織の大多数におけるアジャイル適用の観点である。日本が進んでいないのは想定通りとして、米国での組織適用がかなり広がっている。日本の組織適用に対して３倍近い数値で差をつけている（図２－10）。

こうしたアジャイル適用の差はどこに現れるだろう。組織活動の躍動感がまったく異なる。アジャイルを組織運営、組織ガバナンスに適用するということは、戦略レベルの組織活動について評価と見直しをタイムボックスにもとづきリズミカルに行えるということだ（図２－11）。

縦軸に並ぶ評価項目に挙がっているのは、ＣＸの向上推進、ＥＸの向上推進、人材配置、ビジネスモデルの有効性、予算配分、事業ポートフォリオ……どれもこれも組織活動上の重要観点だ。経営の観点そのものと言える。こうしたものをどの程度の頻度で評価し、見直すのか。調査結果によると、米国のボリュームゾーンは毎月レベルとなっている。これは１ヶ月のタイムボックスで自分たちの活動と結果をふりかえり、次の意思決定を行うというものだ。さらには毎週レベルでさえ行うという企

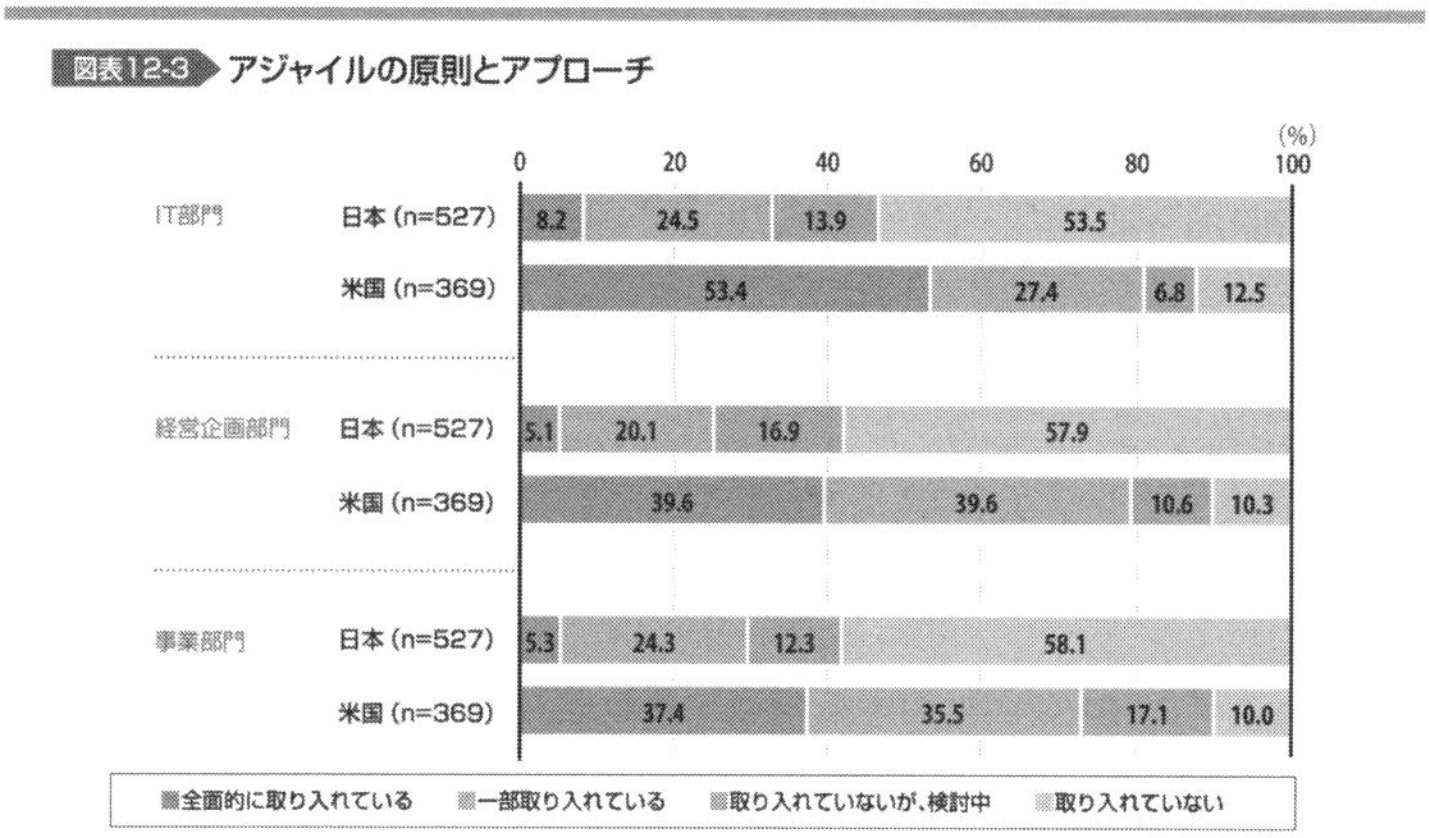

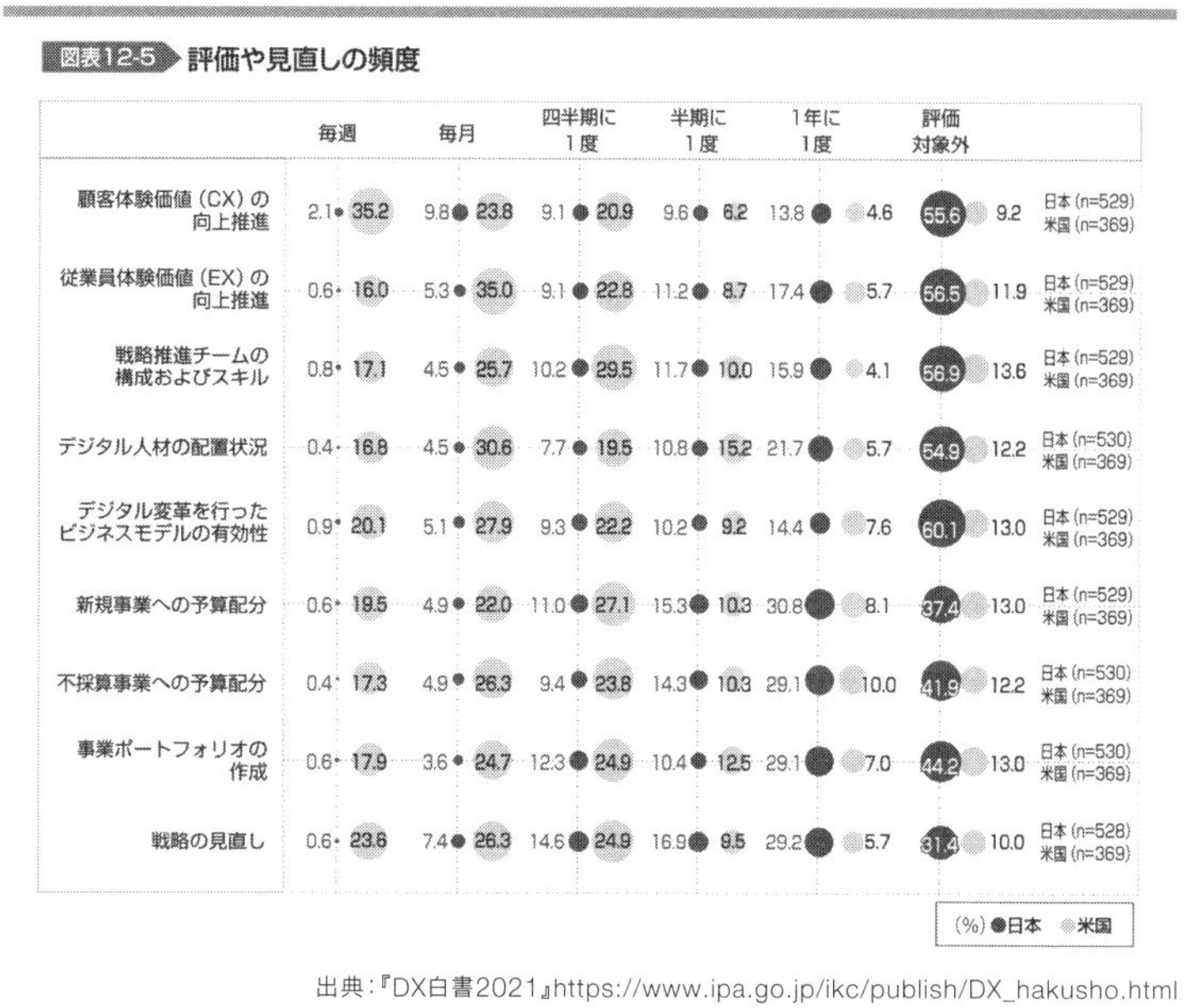

出典：『DX白書2021』https://www.ipa.go.jp/ikc/publish/DX_hakusho.html

図2-10（上）　アジャイルの組織適用、日本と米国の差
図2-11（下）　組織運営におけるアジャイル適用、日本と米国の差

業も少なくない。

一方日本は、半年ないし一年に一度の評価見直しですらなく、ボリュームゾーンは「評価対象外」なのだ。これは1年に1回も評価、見直しをしないということだ。この差には慄然とする。かたやCXとEXを毎週レベルで行動と結果を踏まえて自組織の次の判断と行動をとっていく企業。かたや1年に1回見直すかどうかの企業であり、両者が同じ土俵で勝負して勝ち目があるはずもない。

業界におけるディスラプター（破壊者）と伝統的な大企業がぶつかりあって最も差が生まれるのは、こうしたケイデンス（回転数）であろう。何らかの施策を打ち、そこから得られた学びで次の取り組みの意思決定を行う。このひと回しをいかに早くやるか。単純に例えると、ディスラプターが週次で回している一方で、大企業は24〜48週かけていることになる。

もちろん、時間軸の短さから扱える取り組みの粒度・サイズは大きく異なるだろう。週次で扱う施策は小さく、半年一年かけて実施する粒度は大きくなる。後者の大きなサイズが活きるのは、最適化が効果的な領域においてである。いちいち細かく意思決定を挟む必要がない。

しかし、探索が必要な領域においてサイズの大きさは命取りになる。評価見直しをかけていないあいだ、ひたすらに判断と行動を間違い続けている可能性があるということだ。小さく速く回り続ける組織と、大きくゆっくり回っていく組織。どこに勝ち目を見出だせるだろう。

芯を失った組織がアジャイルに向かうには

日本の組織のアジャイルへの適応は立ち遅れている。引き続き「最適化」への最適化を坂道を転がり落ちるように続けている。しかし、このことをただ悲観している場合ではない。IPAのDX白書が示すこの日米の差は、日本の組織の伸びしろそのものなのである。この状況下では、むしろ踏み出しさえすれば組織力と優位性を高められるということでもある。そのことを希望と言わずして何と言うのか。

日本の組織にとって千載一遇の好機を迎えているのは、DXという潮流である。組織が変わらなければならないという大局を利用しない手はない。探索の方法を組織が身につけていく必要性はもはや自明である。ならば、探索のあり方たる「アジャイル」なるものを、ソフトウェア開発にはもちろん、組織の意思決定や活動へと適用させていくことこそ組織戦略だ。この「認識」を経営から現場に至るまで組織の隅々まで合わせるのは今をおいて他にはない。

ただし、大きな課題がひとつある。ソフトウェア開発の「アジャイル」が、組織運営に適用できるのか？である。実は、そのままではうまくフィットしないところがある。オペレーション・メカニズム（運用の仕組み）のレベルでの工夫が必要であり、それ以前に本章でここまでしつこく語り明かしてきた「最適化」のメンタリティが行く手を阻む。

部署と部署のあいだ、また部署の中においてさえ、個々人が分断されている現状がある。この状況下でアジャイルのタイムボックスを回そうとしても欠落感を感じることになる。組織の中にいる私たちが自分の手元の仕事を越えて、他者とともにあろうとする理由がないのだ。共通の目標、共通のゴールなど、お互いが共通とするものを置くことができない。「われわれはなぜここにいるのか」への回答がないのだ。

芯（共通とする意図）のないドーナツのような組織。負け続けていた頃のアジャイルソフトウェア開発。いずれも、「われわれはなぜここにいるのか」への解を見出すことができない例として示してきた。組織において、お互いがともに仕事にあたる理由を見出せないとしたら、組織を成す意味すら怪しくなる。しかし、これが現実だ。同じ組織にいながら、お互いが共通として見上げる北極星もなければ共有するべき仕事の全体性もない。

ソフトウェア開発は、お互いが目指す北極星を作りやすい。そもそも共通のアウトプットを協働によって作り出すのだから。一方、ソフトウェア開発の範疇を超えた組織活動においてはそうはいかない。茫洋として存在するかしないかよくわからない「ゴール」を自分たちのあいだに引き寄せて「認識」できるようにする必要がある。なぜ目標設定の方法であるOKRがかくもさまざまな組織でもてはやされるのか。自分たちのあいだで「認識」し、作用できるObjectives（目標）が存在しなかったからではないか。

それほどまでに私たちは、これまで通りの判断と行動に従事することのみを是とし、お互いの領域を越えて協働することに不慣れになってしまっているのだ。そんななかで、ただタイムボックスを回していきましょうと言っても空回りするだけである。私たちは、どのようにしてアジャイルな組織へと向かえばよいのだろうか？

組織の芯を捉え直す問い

●方法について過度な最適化が起きていないか？　遵守するのが目的になっている標準は存在しないか？

御前会議を催行することや、折寿司のような説明資料を作ること、あるいはそれを読み解くことを仕事にしてしまっていないか。

●体制について過度な最適化が起きていないか？　分業によって同僚や隣の部署・グループが何をしているかまったくわからないということはないか？

分業とともに兼務が多重化していないか。なぜ兼務が増えていると考えられるか。

●道具について過度な最適化が起きていないか？

業務で使える道具が固定化されており、かつ陳腐になっていないか。

●組織の意図と方針は、顧客や社会に適したものになっているか？

意図がほぼ消失してしまっていて、これまでの状態を頑なに守るだけの方針だけが残り、あとは現場で臨機応変が求められる、ドーナツのような状態になっていないか。

●組織の中で当たり前の認識になっていることに何があるだろうか？

実行、方針、意図それぞれの段階で、特に確認しなくても共通の前提となっていることとは何だろうか。そうした認識は、これからの組織にとっても必要なものか、それとも阻害要因か。

●アジャイルとは何か？　なぜアジャイルが組織に必要なのか？

アジャイルによって具体的にどのような状態を作り出すのか。

第3章

自分の手元からアジャイルにする

芯を見失った組織においてアジャイルに向かうすべとは？　現実の状況に適した選択と行動をとれる、そのための方法を組織の最前線で取り戻す。

3-1 どこでアジャイルを始めるのか

どのようにして探索と適応の機能を組織に備えるのか。これまで組織にはなかった機能を加えていくために、仕事のやり方そのものを変える企みとなる。仕事のやり方を変える、それは組織の中で常識とされる考え方や行動の仕方を変えるということだ。そんなことが本当にできるのか。強い日本のかたちを方向づけた１９８０年頃から40年以上続く組織の「仕組みの負債」を個人が背負えるのか。もちろん、すべてを塗り替えることを背負うことはできないし、背負う必要もない。

組織をアジャイルにするということは、これまでの仕事のやり方を捨てるというわけではない。最適化への最適化が組織を思考停止に追いやっていることが問題なのであって、最適化自体が悪でも不要なのでもない。逆に、仕事の効率を高めるための最適化がなければすべてが試行錯誤的となる。これから先もすべての仕事に必ず探索が求められるわけではない。むしろ、勝ち筋や定番の方法を見つけ出し、効率化を進める方向に持っていかなければ組織の競争優位を確保することはできない。

後でも述べるが、私たちの仕事には回転がある。**探索と適応を繰り返し、そこから効率良く勝てる筋道を見極め、最適化へと進む。**大事なのは、最適化から再び探索へと戻るルートを開拓することだ。そのために、探索と適応の仕組みを組織に確かに作っておかなければならない（図３－１）。

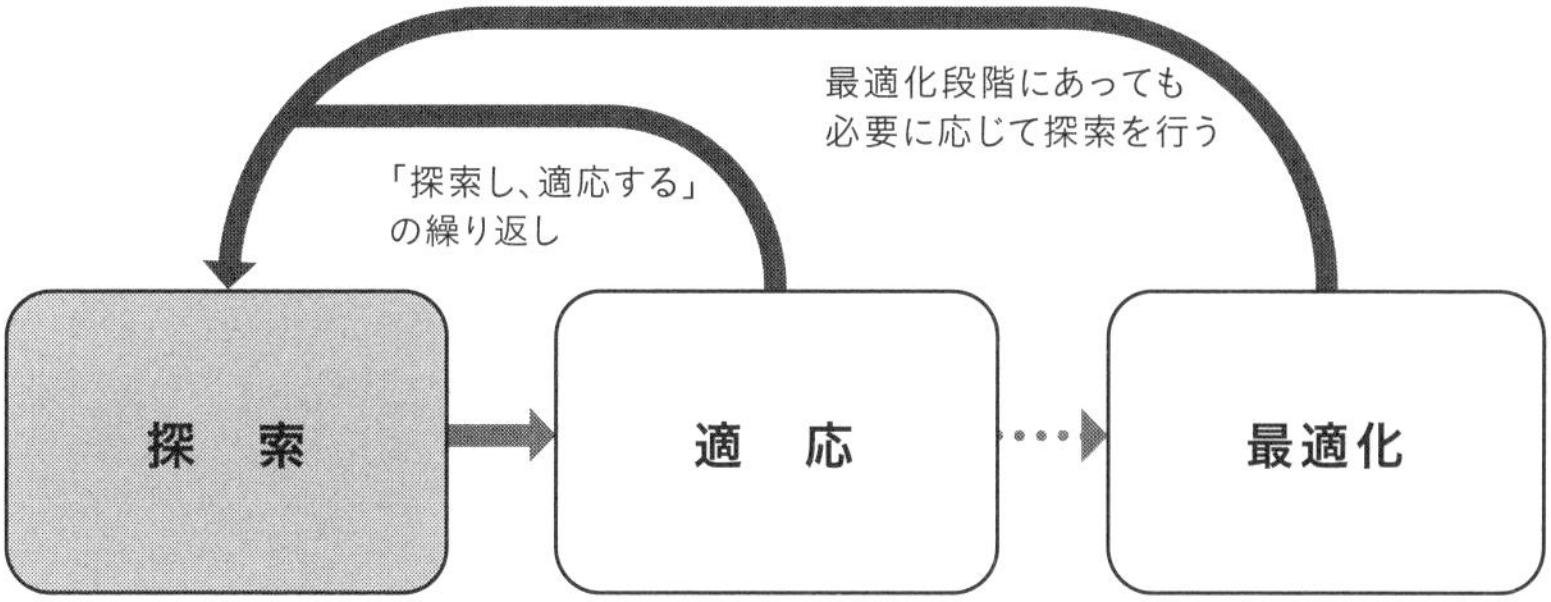
最適化段階にあっても
必要に応じて探索を行う
「探索し、適応する」
の繰り返し
探　索
適　応
最適化

図3-1　探索へと戻るルートの開拓

手元から始める

どこから組織のアジャイルを始めるのか？　この問い対するヒントもすでにソフトウェア開発の世界で先行して得られている。それは、**自分の手元から始める**ことだ。ソフトウェア開発におけるアジャイルも、いきなり組織の開発を一気に隅々まで切り替えられたわけではない。全体としては十数年かけて少しずつ浸透し始めているというのが実情である。

多くの組織にとって、ソフトウェア開発についても判断や評価の基準は「最適化」を前提としてきたわけである。事前に詳細な計画を立てて、あらかじめの見通しをつけてから開発に取り組む。その後も決して後戻りすることなく線形に進めていくのみとする。こうしたメンタリティが支配する状況下で、「計画作りは最小限に」「1〜2週間のタイムボックスごとに評価、見直していく」という方法は極めて直交的と言える。

当然、正面から導入しようものなら大きな衝突は避けて通れない。おのずとアジャイルへの取り組みはゲリラ的となる。アジャイルという耳慣れない言葉を使うのではなく、別の言葉で中身を表現する（〝プロジェクトを見える化する〟など。〝反復開発〟などと言うとやはりあたりが大きいため避ける）。始めるのはあくまで小さなプロジェクト、あるいは社内のある部分的な仕事に適用する。

こうした状況はアジャイルに限ったことではない。重要なプロジェクトや大きな仕事でいきなり新しい方法が即座に採用されることなどない。最適化に最適化された組織で求められるのは「実績」だ。

新たな方法が確実に効果をもたらすことを示さなければならない。ではどうやって示すのか？　確かな「事例」で示す必要がある。新たな提言に対する最初の決まり文句は「事例はあるのか？」だ。初期段階のアジャイルはこの言葉の前に立ちすくむよりほかなかった。自組織はもちろんのこと、国内にも事例と呼べる事例はなかった。あるのは海外での事例だ。それではまず組織のマネジメントを担う人々には刺さらない。

だから、かつて多くの有志がまずどんなに小さくてもよいからと、実績を作ることに懸命だった。それぞれの漸進的な取り組みを、組織を超えてコミュニティで集まりシェアするのがかすかな希望だった。そこでどれだけ前に進んだかを話せることが誇らしい、そんな時代があった。

組織のアジャイルも、まずあなたが、自分がいる場所から始めよう。組織に話を通そうと、人事部あるいは品質管理部をノックする必要はない。腹をくくってマネージャーや部長に改まって話をつける必要もない。あなたがいるグループ、チーム、プロジェクトだけで始められたらそれでよい。周囲の協力が得られそうなら部門で取り組むのもありだ。

ただし、いきなり部門のような規模だと、部のこれまでの運用との整合性が問われるため難易度が高くなる。まだ始めたことがないことをいきなりまな板の上に乗せて、これまでの方法と並べて評価などし始めると俄然分が悪くなる。

もっと局所的に始めるべきだ。**「期間」**と**「範囲」**の組み合わせで考えよう。いきなり運用の永続性を問われると、難易度が高くなり手に負えない。期間はある一定の時間軸で収めるほうがよい。さらに、対象とする範囲も一定限定するとしたら、要は「プロジェクト」的な仕事で始めてみるのが適している。部門の場合、期間は実質無期限で、範囲も広くなってしまう。

対象を決める際には、期間と範囲以外にもうひとつ判断軸がある。それは**「リスク」**だ。適用がうまくいかなかったとき、業務にどれほどの影響が出るか。プロジェクトにももちろんその重要性の高低があるはずだ。プロジェクトが遅延したら即事業の収益に影響を与えることになったり、あるいは顧客に対して損害を与えてしまうような仕事ならば適用は見送る。

では、期間と範囲とリスクを最小とするのはどんなプロジェクトだろうか。試験的な取り組みがよいだろう。ある技術の検証、あるマーケティング施策の試行、ある新しい業務の試験運用など、先行的な実験プロジェクトを探し出してそこで始めよう。ここで、ＤＸという組織活動が有効に働く。ＤＸでは先に挙げたような実験や検証のプロジェクト、いわゆるＰｏＣ（Proof of Concept／概念実証）を立ち上げることが多くなる。多少のつまずきがあったところで誤差の範囲になるプロジェクトならば、新たな方法を試すにはうってつけだ。

一人から始める

実は、さらに最小の範囲で始められる方法がある。それは**「一人」で取り組む**ことだ。本来アジャイルはチームで仕事に取り組むためのあり方である。それを一人で行うとは？　文字どおり〈ふりかえり〉や〈むきなおり〉（後述する）、「タスクボード」（手持ちのタスクを洗い出し、TODO／DOING／

DONEの3つのエリアでタスクの状態を可視化する運用方法）といったプラクティス（工夫の方法）を一人で取り組むということだ。

一人の範囲だから、得られる効果はあくまで限定的と言える。それでもプラクティスの取り組み自体の練習にもなる。いきなりプロジェクトメンバー全員を1時間程度の時間とはいえまったくピリッとしないふりかえりに付き合わせてしまうより、まずは自分でやり方を試しておいたほうがよい。新たな取り組みには必ずと言っていいほど一定の懐疑派が存在する。たった一度うまくいかなかったばかりに、その後の機運を高められず、機会を失ってしまうことは当たり前のようにある。

「一人で始める」場合は、何かあってもリカバリしやすい。「タスクボード」を1週間やってみて、うまくタスクの整理がつかなかったところでいったん止めて、元の方法に戻してしまえばよい。仕事への影響は大したものではない。これを5～10人のチームメンバーを巻き込んで始めると、まず止めにくくなる。うまくいかないことにまずもって手を打つことになる。その結果もちろん良い方向になることもあるが、改善しない場合は引きずることになる。そうなると、プロジェクトならばその全体の進捗に影響を与えるリスクも現れてくる。

アジャイルは一人からでも始められる。ソフトウェア開発における黎明期のアジャイルでも同じような始め方があった。まずは自分の手元に収められるところから立ち上げよう。

しかし、一人で始めるということは結局一人で背負うということだ。個人で取り組むことに躊躇する者もいるかもしれない。うまくいくかどうかもわからないことに踏み出すには相応の勇気が要る。最適化で舗装された道から踏み外すにあたって、理想は仲間と取り組むことだろう。だが、最適化に最適化された組織では些細な1手目であってもハードルが高く、周囲を巻き込めないのもざらだ。

それでも、たった一人だったとしても、始めることには価値がある。一人で始めて、失うものよりも得るものがはるかにある。それは、**「経験」**だ。組織で始めるアジャイルは多くの場合「組織初」なのだ。組織初の経験をあなたは手にすることになる。組織初を積み重ねていくことは、まもなく組織の中での第一人者になるということだ。**経験とは、最初の行動を起こした者にのみ支払われる「報酬」なのだ。**その経験は、「次の行動」をとるときの強力な後ろ盾となる。経験は、あなたがそのことに取り組む名分となっていく。場合によってはその経験を最も評価する場所で活躍する選択を行ってもよい。

ただ、一方であなたもこう思ったに違いない。

「そんな、一人から始めるだとか、小さなプロジェクトでやるだとか、そんな気の遠くなるような話でいいのか？」

確かに、始めるまでは道のりの遠さが果てしなく感じられるだろう。しかし、最初の一歩は組織にとっての最初のマイルストーンなのだ。ここを通過しなければその後はない。最初の一歩を踏むからこそ、組織が変わる**〈変曲点〉**へと向かうことができる（こうした「広がり」については本書の後半で扱う）。

もちろん、組織をアジャイルにする動きには時間がかかることを心しなければならない。ソフトウェア開発の世界でも20年を要したのである。組織がアジャイルになるにも、ソフトウェア開発がそうであったように**「進化の過程」**を辿らなければならない。20年とは言わない。むしろここから先20年もかけていたら組織の寿命のほうを先に迎えてしまう。しかし、「進化」である以上は、3ヶ月や半年、一年といったテンポで世界が変わるわけではない。ただプラクティスを習得すれば済むようなものではなく、何しろ組織のあいだにある「認識」を書き換えていくことが求められるのである。一人からでも、一つのチームからでも、始めるよりほかはない。

そこで、組織をアジャイルにするにあたっては、**組織を「一人の人間」のように見立てよう。**人が新しい技術、思考、振る舞いなどを習得するにあたって、いきなり達人になれるわけではない。練習を重ねることでできることが増え、意のままに振る舞えるようになる、といった段階的な成長を辿っていくはずだ。赤子が一歩一歩、人としての成長を果たしていくように、組織も探索と適応に関してはベイビーステップで臨むことになる。一人から始めて、いくつのプラクティスについて練習したところで、自分がいるチームや部門でのアジャイルに歩を進めよう。

3-2 ── 組織アジャイルとは何か

ソフトウェア開発の世界では「アジャイル開発」と呼ぶが、組織のアジャイル適用にはどのような名前づけを行おうか。「アジャイル組織」や「アジャイル型組織」は言葉としては対応が取れているが、到達した後の完成された組織状態のイメージが強くなる。組織の規模によっては、アジャイル組織に至るまでに相当の年数を費やす可能性が高い。その過程においては能動的な取り組みが続くことになる。本書では、アジャイルな組織運動を、組織が取り組むアジャイルとして**〈組織アジャイル〉**と呼ぶことにする。

組織アジャイルは、「探索」「適応」「最適化」と大きく3つの状態からなる。この状態を辿りながら、何に取り組むのかを明らかにしていこう（図3－2）。

組織アジャイルの「探索」

まず、「探索」とは何か。**探索とはすなわち「学び」を得るための動きである。**最適化への最適化の

〈組織アジャイル〉とは、「探索」と「適応」を繰り返し、
状況に適した「意思決定」と「行動」をとること。

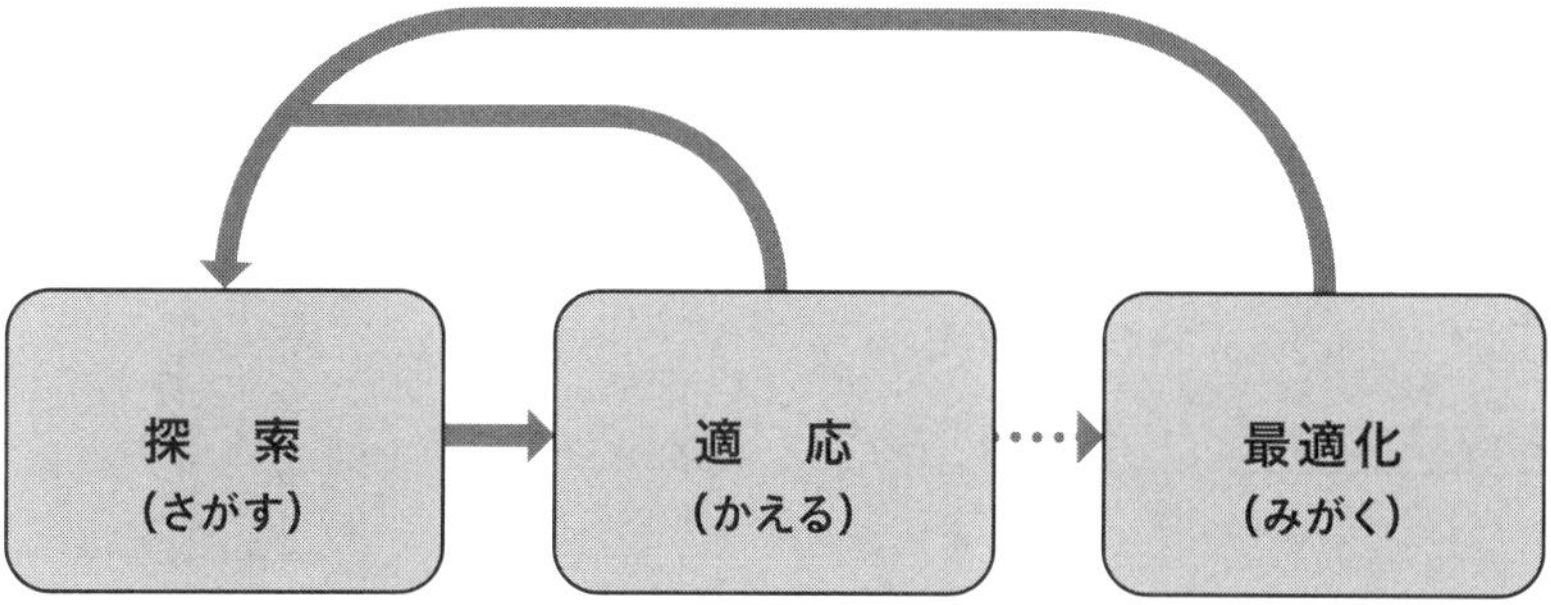

置かれている状況から何が適しているのか？　課題や解決策の選択肢を広げるための探索（仮説検証）を行う。

探索（仮説検証）の結果から「学び」を得る。得られた「学び」から次の「意思決定」と「行動」をとる。

最も適している筋道が見出せたところで、徹底的に効率化を行う。ただし、一定のタイムボックスにて目的を捉え直し、現状を問い直す。

図3-2　組織アジャイル

道を外れるということは、「選択肢」が広がる可能性を得るということである。対象としては、採用する技術や方法など手段レベルの話もあれば、より本質的な前提を揺さぶるレベルもありえる。

たとえば、「顧客とは誰か」から問い直すのは前提レベルと言える。誰を顧客とするかで、当然ながら何をどのような意図で提供するのかが変わる。ある商品提供の流れのなかで、最終顧客（最終的に利用する相手）までのあいだに中間的に存在する卸や小売店、あるいは自組織内の営業部門といった人々を「顧客」と定義することもできる。えてして、歴史深く大きな組織における生産部門から見た「顧客」とは目の前に存在する「営業部門」であり、最終顧客が遠くなっている場合が多い。こうした中間顧客と最終顧客とでは何に価値を置くかが異なり、評価や判断の基準も異なる。どちらを顧客として捉え、最適化していくかで、事業、組織のあり方が変わる。

このように、「探索」には対象や目的によって選択の幅がある。ただ共通するのは、あらかじめの正解がない状況から、何が確からしいのかの学びを得るということである。顧客とは誰か？　顧客の何の課題を解決するのか？　何が最も課題解決に適しているのか？　たとえばこうした問い直しにおいて、確かな答えが早速に得られることはまずない。一つひとつ仮説を置いて、試行や検証によって理解を深めることでその後の方向性が決められる。

わからないことが数多くあるなかで、わかるところを作る、増やす。そうした積み重ねで、「確からしさ」が得られていく。このような活動を進めていくためには、2つの観点での整理が必要となる。**「何を仮説と置くか（つまり何を知りたいか）」**ということと、そのために**「どのような試行や検証を行う必要があるか」**ということだ。

取り組むべきことと、その取り組み方。それぞれ一つや二つということにはならないだろう。探索の初期段階においては、見えているもののほうが少ない。何がありえるかと可能性を挙げていくようなものだから、数多くの取り組みが挙げられる。こうした取り組み毎をリストで捉えてマネジメントする。このリストのことを**「バックログ」**と呼ぶ（スクラムでは、サービスや製品開発の文脈で「プロダクトバックログ」と呼んでいる）。

バックログは、チームの「脳内」を表したものだ。探索の旅に出ようとするチームや部門の脳内は「顧客の課題とは何か」から「明日までに必ずやるべきタスク」まで、粒度がばらばらなものが散在する。だからこそ、いま取り組むべきものについての共通理解を得るための**「可視化」**（リストにすること）、さらに粒度をある程度合わせるための**「構造化」**（テーマレベルとその実行のためのタスクレベルなど粒度が異なるところで分ける）、そして何から取り組むのかという**「順序付け」**（リスト上の並びで優先度を表す）が役に立つ。こうしたバックログによる運営を行わなければ、チームの頭脳は混乱し、行動を揃えようがない（図3－3）。

バックログの役割はもうひとつある。それは**「留保」**である。留保を理解するためには、探索における重要概念である**「MVP（Minimum Viable Product：実用的で最小限範囲のプロダクト）」**を理解することが近道となる。プロダクトとして何を作るべきかがまだ判然としない状況下では、いきなり多くの機能性を作り込んでもムダになってしまう可能性がある。ゆえに、実用的であることを前提として最小限の範囲をスタートラインにおいて始めるという考え方だ。ことプロダクト開発の文脈では、基本として心得ておくべきものだ。

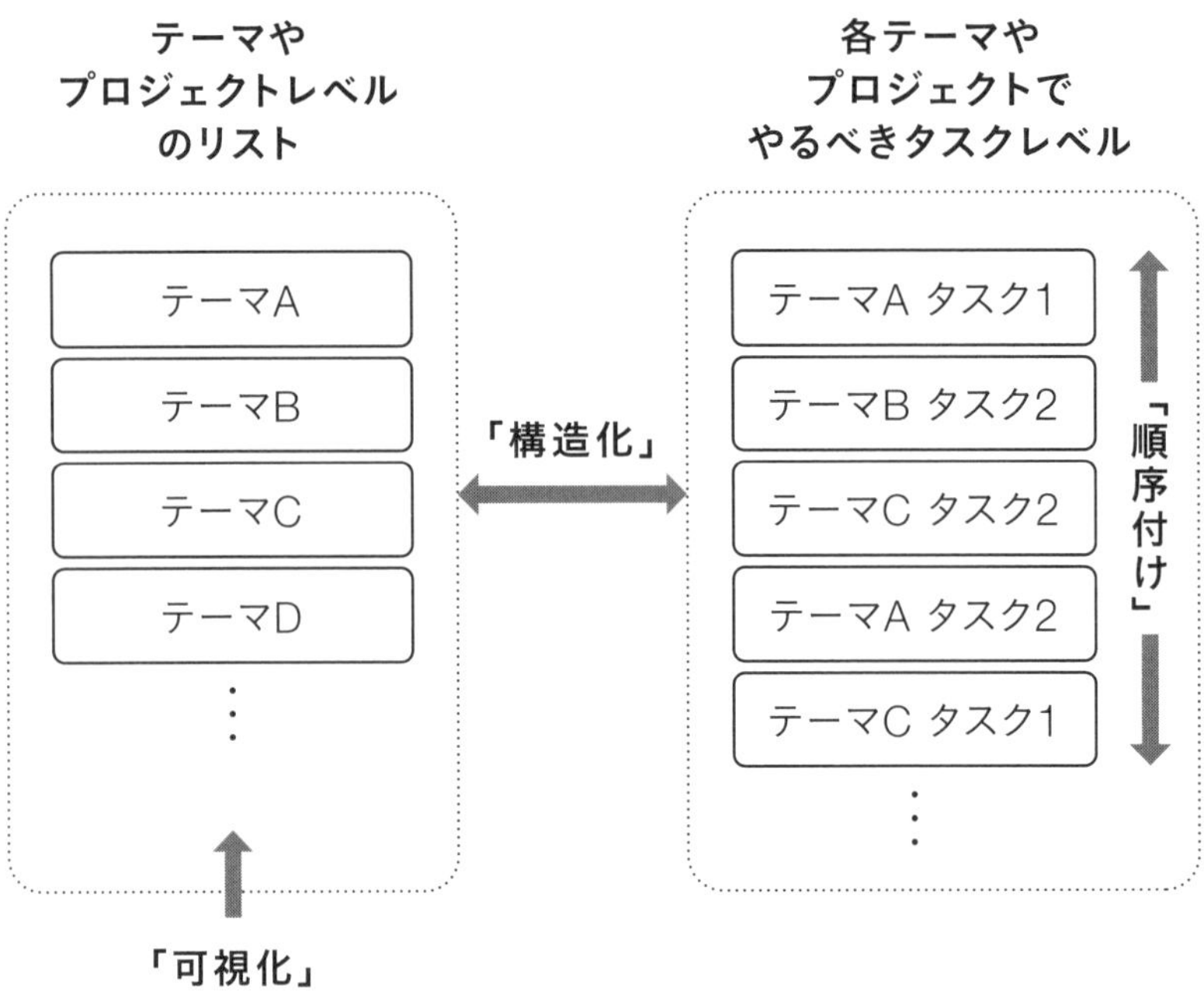

図3-3　バックログの役割「可視化」「構造化」「順序付け」

しかし、MVPの姿勢が重要とはいえ、**チームの「脳内」までMVPにしてはならない。**チームとしての方針をその都度一つに定めることは重要だが、それは他の可能性を頭から追い出してしまうことではない。これこそ最適化の罠にはまっている。

むしろ、脳内はいくつもの可能性で満たしておくべきだ。仮説や課題を複数捉えておくからこそ、探索の過程における軌道修正ができる。チームは何かしらの発見とその理解にもとづいた即応的な動きへと近づける。つまりバックログとは「選択肢」の可視化と共有なのだ。**可能性を排除するのではなく、「留保」できるように、チームの脳内にとどめられるようにバックログを用いる。**そして、チームとしてとるべき行動にいちいち迷いが生じないよう、バックログの上で優先するべきものの順序付けを行っておく。

こうした優先度の理解をマネージャーやリーダーなど一部の人間しか把握していないようだと、やはりチームとしての即応性を落とすことになる。ゆえに、バックログとはチームや部門全員で所有するものなのである。その内容について常に理解を合わせる動きが必要であるということだ。全員でリストの中身を確認し、取り組みについての過不足の調整(追加や消込)など状態が常に新たとなるよう務める。この状態理解を合わせる同期の儀式を定期的に行う。

この同期のための会合を**「スプリントプランニング」**と呼ぶ。**「スプリント」**とはスクラムにおいて繰り返しの時間間隔を指す言葉で、タイムボックスの別の表現となる。スプリントプランニングは探索を始めるために必ず行わなければならない。ここまでの説明のとおり、プランニングがなければチームの脳内が整理されることがなく、ある人は古いままの情報にもとづき自分の仕事を進め、ある人は優先度を誤り貢献度の低い仕事に時間を費やしてしまうかもしれない。

そういう事態にならないよう、スプリントプランニングで、これから始めるスプリントの意義や到達したい状態を全員で理解を合わせ、そのために必要なバックログを選ぶ（当該スプリントで実施すると決めたバックログの対象を特に**「スプリントバックログ」**と呼ぶ）。そのうえで、チームや部門の一人ひとりのメンバーが何に取り組むのかまで決める。スプリントで到達したいこと（これを**「スプリントゴール」**と呼ぶ）、スプリントで取り組む対象範囲（スプリントバックログ）、そして誰が何に取り組むのかという分担の理解、さらには各バックログの中身をどうやって進めていくかという進め方の方針や作戦まで理解を同期する。

スプリントプランニングとは、チームの行動を決めるための機会にあたる。こうした機会が半年に1回、3ヶ月に1回というのでは少なすぎる。目の前の状況に適した判断と行動の決定を行うには遅すぎる。1ヶ月や2週間、もしくは1週間といった時間単位でスプリントの長さを決め、スプリントごとに1回プランニングを行うようにする。当然ながら、1ヶ月単位であれば年間で12回の判断機会となり、1週間であれば52回も行えることになる。状況変化が激しい仕事であれば1週間のスプリントが適している。ただし、その分プランニングの回数が増えるため、その実施の点でオーバーヘッド（間接的に必要な時間）も伴うことになる。どのくらい全体についての理解合わせを放置しても問題が起きなさそうか。つまり、**プランニングを行わないことで互いの理解がずれている可能性があっても大きな問題にまで発展せずにいられる期間がスプリントの長さ**とも言える。想像して決めよう。

最適化への最適化メンタリティのもとでは、こうした同期（状況理解、認識合わせ）に時間をかける必要がなかった。いま部門で取り組む対象は何か、誰が何を進めるのかは、部門長やマネージャーが把握しておけばよかった。仕事の全容、つまり「全体性」についていちいちメンバーが知らなくとも仕事が回せることが効率につながるという世界観だった。

探索においては大きく異なる。スプリント単位ごとに、チームや部門の向かう方向が変わったり優先度の見直しが行われる。こうした事態を一人の人間のみが理解して、その配下のメンバーに逐一すべての指示を仕事ができるように詳細に伝えていくというのはナンセンスだ。マネジメントスタイルは、**一人で考える一人脳から、チームで考えるチーム脳へ**と変わる。私たちの仕事は、複数人の集まり（チーム）でありながら、あたかも一人の人間のように考え、振る舞えるかが問われるようになっていく。

組織アジャイルの「適応」

次は、「適応」についてだ。**適応とは、探索の結果から得た学びにもとづき、意思決定と行動をより適したものとなるよう変えていくことである。**たとえば、これまでリアル対面のみで行っていた営業行為をオンライン上のウェブ対話に移行するに際し、どこまで対話の準備を行い、どこから先は後続の業務に委ねればよいのかなど、試行してみて初めてわかることが多々あるはずだ。

こうした試行や検証の結果、わかったことをまず全員で把握する。バックログで挙げていた狙いが結果として果たせているのか確認する。試行の前提条件や対象が目論見とずれていると、何らかの結果が得られたとしても適した情報にならない。たとえば、オンラインに業務を移行するには顧客のITリテラシーが対応可能なのかを当然把握しておきたい。試行対象に選ぶ顧客は誰でもよいわけではなく、基本的なリテラシーを備えている若者よりもより条件が厳しい年配を相手にするべきだなど、前提として置く条件によって結果とその学びは大きく変わる。

バックログの取り組み結果を確認し、やはりチームの理解を合わせる同期の機会が必要である。これを**「スプリントレビュー」**と呼ぶ。スプリントプランニングで取り組むべきことを同期し、スプリントレビューでその結果を同期する。**スプリントとは、プランニングで始めて、レビューで受け止める活動**である（図3－4）。

スプリントレビューの機会がなければ、探索している意味もスプリントの意義もない。チームや部門としての意思決定を新たにすることができなくなるし、定期的に意思決定を問うこともなくなる。スプリントの区切りに役割がなくなってしまう。

なお、スプリントレビューは進捗確認の場ではない。単なる進捗を確認するミーティングにしないためには、「何ができたのか」以上に「何を学んだのか」に向き合えるようアジェンダとして問いを設けておきたい。

それでも、取り組み始めの頃はスプリントレビューが進捗を見る時間に結果的になってしまうことは多い。そうなると、全員のタスクレベルでの取り組み結果を把握しようというのと変わらない。相当な時間がかかり、運用が現実的ではなくなる。

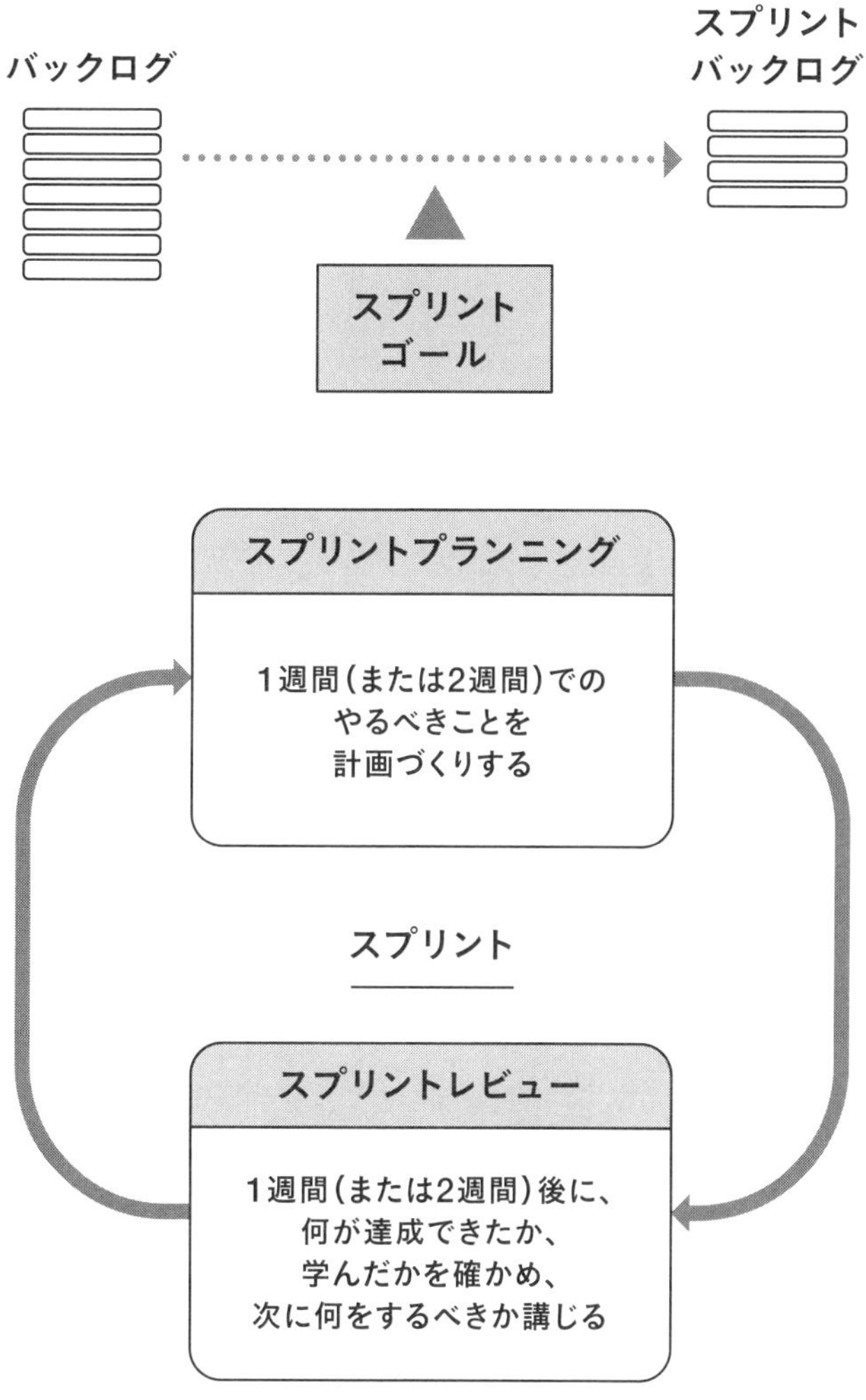
バックログ
スプリント
バックログ
スプリント
ゴール
スプリントプランニング
1週間（または2週間）での
やるべきことを
計画づくりする
スプリント
スプリントレビュー
1週間（または2週間）後に、
何が達成できたか、
学んだかを確かめ、
次に何をするべきか講じる

図3-4　スプリント

そこで、単なる状況の共有に関してはレビュー以外の場で把握できるようにしたい。具体的には、スプリントバックログの最新の取り組み状態についていちいちすべてをレビューの場で口頭で確認するのではなく、何らかのデジタルツール上に書き出して共有できるようしよう。

理想は、スプリントのさなかにリアルタイムで状態のアップデートが行われ、その把握が誰でもいつでもできることだ。そうすると、スプリントレビューですべてをなぞる必要はなく、特に重要と目する結果に焦点を合わせ、中身の議論に時間を費やすことができる。ただ、そこまでに達するには相応の習熟が必要であろう。初期段階においては、あえてすべての結果をなぞることに時間をかける。その次の段階として、レビューの対象をあらかじめ絞るといったアジェンダ設計の工夫をするなど想定したい。

適応の機会はスプリントレビューのほかにもある。〈ふりかえり〉と〈むきなおり〉だ。**スプリントレビューが「バックログを軸とした適応」ならば、ふりかえりとむきなおりは「時間を軸とした適応」となる。**まずふりかえりは、過去から現在に向けた時間軸で適応を行う。スプリントレビューを終えた後に、その時点までのチームや部門の活動を棚卸し、眺める時間を設ける。

組織としてあげられた成果はスプリントレビューで確認するが、組織の状態の良し悪しの把握、取り組み方の改善はふりかえりが中心となる。組織アジャイルでは、組織を単に成果をあげるためのマシーンとして見るのではなく、〝一人の人間〟のように扱う。組織という単位でも調子の良いときもあれば悪いときもある。振る舞いが機能していることもあればそうではないこともある。何らかの要因があってその結果に影響を及ぼしているとすると、自分たち自身の状態にも向き合う必要がある。

そうした組織の状態や活動を省みて、次のスプリントで向上するための工夫を講じる。

具体的には、ふりかえりの場で問いかけを行い、全員で意見を出し合う。たとえば、「何を成し遂げられたのか」「何がわかったか（ポジティブ、ネガティブ両面で）」「次に取り組むべきことは何か」といった観点だ（やったこと、わかったこと、次にやることの頭文字を取って「YWT形式」と呼ぶ）。また、次に取り組むべきことをさらに分けて、「始めること」「やめること」「続けること」という観点を設けてもよい。いずれも、取り組むこととしてバックログに挙げておこう。

改善の工夫はたいてい始めるべきこととして多く挙げられる。しかし、始めるだけではなく、得られる結果に労力が見合わない行為や間違いにつながりやすい活動などを「やめる」と判断することで状態が良くなることもある。特に、長らく同じ業務に取り組んでいると、惰性で続けている仕事も少なくない。まず、「やめられることは何か」という観点に立ち、仕事の「断捨離」から始めるようにしたい。たいてい、何か新たな取り組みをはじめようにも「その時間がない」といった声はあがりやすい。そのような場合は、**始めるよりやめるほうを先立たせる。**

こうしたふりかえりの機会をスプリントごとに設けることを基本とする。特に組織アジャイルに取り組む初期段階においては頻度を高めるのがよい。ただ、組織活動が習熟してきたところで、スプリント2回につき1度ふりかえりを交えるなど見直しを行ってもよい。

それでも1ヶ月に1度は組織でふりかえることを薦める。「そろそろふりかえりしたほうがよいかな」という何となくの感覚頼みにしないこと。定点観測のイメージで、立ち止まって組織を捉え直す機会を必ず用意する。こうした機会がないからこそ、最適化への最適化が止まらなくなる。なお、この運用はむきなおりでも同様のことである。

〈ふりかえり〉が過去から現在の時間軸での適応ならば、〈むきなおり〉は未来から現在に立ち返る適応となる。自分たちが向かう方角を確認し直す。スプリントでは、スプリントごとでの狙いである「スプリントゴール」を設定し、それにもとづいた活動を行うと述べた。ここで言う「方角」とは、より長い時間軸で目指すもののことである。スプリントが1週間から1ヶ月の長さとすると、むきなおりで捉える方角とは3ヶ月、半年という射程距離のイメージである。

スプリントゴールだけを追い続けるあり方では、どうしても目先に焦点が当たってしまう。半年ほど経ったときに、忙しく業務にあたっていたわりには成果と呼べるものが乏しいといったことが起きる理由はこのあたりにある。ゆえに、**〈むきなおり〉で意図的に目線を上げて遠くを見るようにし、到達したいところと現状との比較を行うようにする**（図3－5）。

そうすると、現状の取り組みとして足りていないものが見えてくる。逆に言うと、今の取り組みを数スプリント続けたところで目指すべき成果にはならないということが時にわかる。むきなおりとは、到達したい成果起点で現状の取り組みを見直す活動にほかならない。

なお、こうした現状の見直し方を「バックキャスト」と呼ぶが、当然ながら目指すべき先、状態がどのようなものなのか捉えられている必要がある。後述するが、最適化への最適化に陥った組織は収益などの計数目標しかない、そもそも組織の狙いがろくに設定されていない、あるいはあいまいで心がけのようなものしかない、といったことが珍しくない。当然、これらだけでは本来組織としてあげたい成果にむきなおることができない。

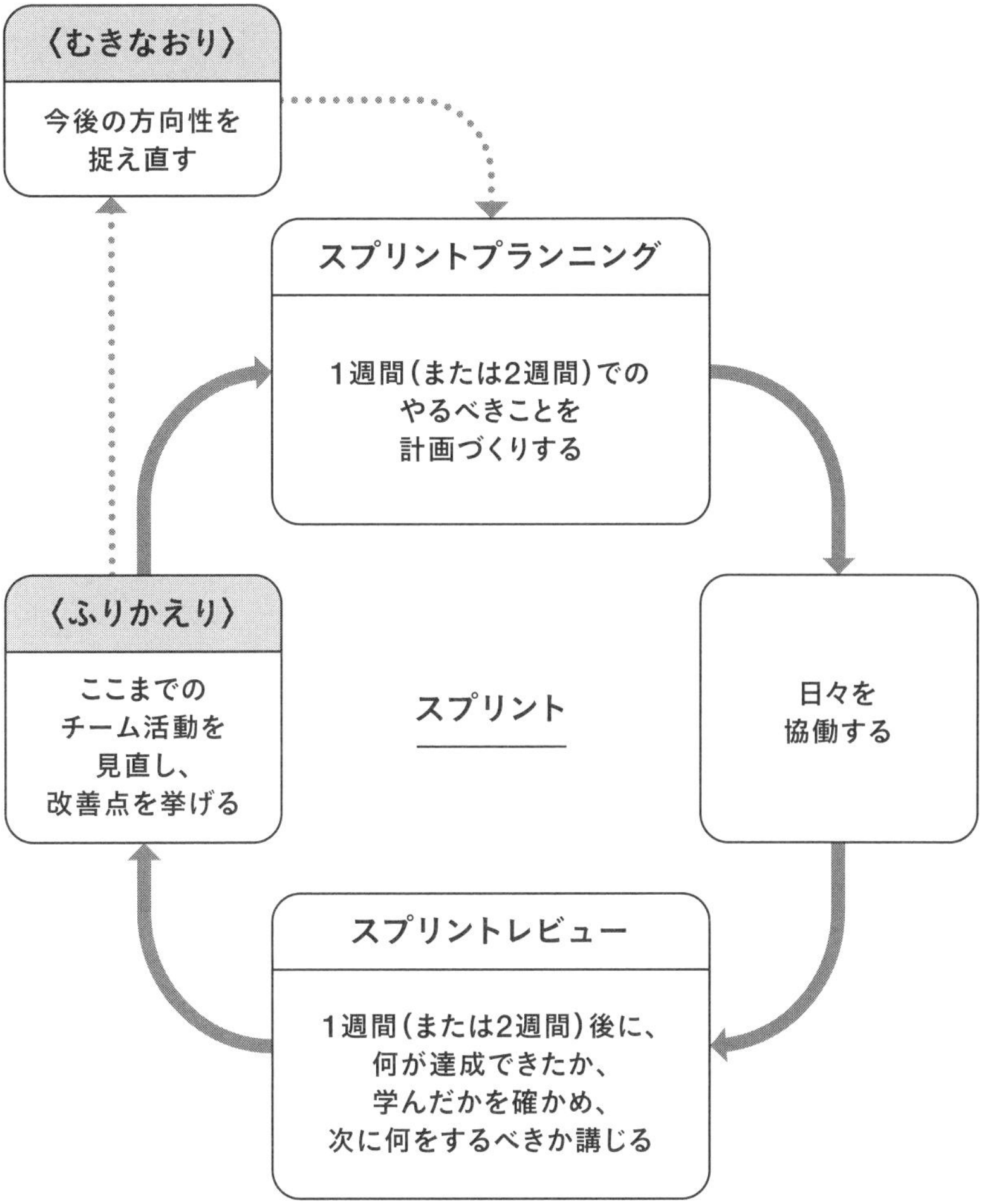

図3-5　適応のための〈ふりかえり〉と〈むきなおり〉

ゆえに、むきなおりでも問いかけが重要となる。むきなおりの場合は、「われわれはなぜここにいるのか」「われわれは何者なのか（誰の何のために仕事をしているのか）」といった根本に立ち返る問いを用いる。むきなおりこそ、最適化への最適化から道を外すための最初のきっかけとなる。

組織アジャイルの「最適化」

さて、最後は「最適化」だが、ここまで最適化をネガティブに扱ってきたので、わざわざ最適化に向き合う必要があるのかと思われるかもしれない。しかし、最適化とは仕事の遂行に不可欠である。組織アジャイルでもふりかえりが組み込まれているように、改善することが前提となっている。効率化や改善といった観点がなければ、いつまでたっても成果をあげるのに苦労し、組織としての競争優位性を作り保つことができない。

組織として最適化を放棄することはない。ただ、最適化への最適化に陥らないようにするための仕組みを手にしなければならないということだ。

探索と適応を繰り返していくと、チームの取り組みが安定し始める。遭遇する問題が既出のものとなり、取り組むべき課題も固定化しルーチンワークとなる。こうした状況を私たちはごく普通に経験している。たとえば、物理的にオフィスに集合して仕事をしていた状況からオンライン中心に移行していったという経験がたいていあるだろう。最初はオンラインでミーティングするにも、まずどのツールを使うか迷ったはずだ。そもそもミーティングをどのように進行するべきだろうかと悩んだはずだ。オンラインでは話す人がなおさら固定化し、一人二人が話すだけで他の大半は黙ったまま。話したくてもタイミングがわからず、みな悶々としている。議論が空中戦になりがちで、何を話しているのかすぐに見失ってしまう。まるで、「はじめてのミーティング」のごとくやりにくさを感じたはずだ。

それから試行錯誤を繰り返し、課題の解消が進み、多くの場合、状況に適応できたのではないだろうか。新たな問題に遭遇することもやがてはなくなったはずだ。このように、問題が枯れて、取り組みようが定まることで、仕事の運用は安定化していく。あれこれと試行した結果として今を迎える流れになっているだろう。逆に、解決策のほうを拙速に固定してしまうとかえって安定するまでに時間がかかることがある。急に方法のみを変えると求められる適応が大きくなり、手に負えなくなるからである。

探索と適応を繰り返し、一つの筋道を得られたところで、方法の定着のために「型作り」を行う。あとからチームや部門に加わったり、同じ組織の中でもフォーメーションの変更で初めてある仕事に取り組む場合、またゼロから理解を積み上げていくのではムダが大きい。すでに安定化している運用や仕事の方法について言語化し、ガイドやルールなどに落とし込み、容易に理解できるように整えるべきだ。こうした知見の醸成と活用が型作りの狙いである。もちろん、ひとたび型化すればそれで終わりではない。型の評価と改善を定期的に続けていくことになる。

これが最適化である。このような過程におそらく違和感は感じないだろう。**問題は、最適化の段階**

に至り、そこが終着になってしまう点である。いったん最適化ができれば、「そもそもどうあるべきか」を問う必要性は薄くなる。しかし、時とともチームや部門を取り巻く状況のほうが変わっていくと、固定化している仕組みのほうが適さなくなってしまう。いつ取り組みが陳腐化するのか、当事者である自分たちには気づきにくいところだ。

個人で考えてみても、目の前の仕事に集中すればするほどに、立ち止まって状況を俯瞰し直すということが難しい。個別具体の仕事を片付けていくには相応の詳細さが必要であり、状況全体を捉え直すには根本を問い直す視点が必要になる。こうした異なるモードが求められる事案にすみやかに切り替え、対応していくには相当な認知負荷となる。ゆえに、人の意識にのみに委ねるとうまく機能しない（集中あるいは俯瞰のどちらかを回避してしまう）。

だからこそ、人の意識への依存ではなく、仕組みが必要であり、具体的には〈ふりかえり〉と〈むきなおり〉を運用するのである。両者の仕組みを常に備えておかなければならない。たとえば、手掛けているサービスが運用に入り、最適化段階に至ったチームあるいは部門の中の一部の業務が最適化段階となった場合でも、ふりかえりとむきなおりの機会をなくしてはならない。

3-3 組織アジャイルの段階的進化

ここまで、探索と適応と最適化の観点で組織アジャイルを平面で捉えてきた。しかし、実際には、探索と適応の活動をいきなりフルセットで始めるにはハードルが高い。特に、長らく最適化のみにフォーカスしてきた組織が探索を始めると、たちまち深い混乱に陥りかねない。そもそも個別での取り組みに最適化されており、集団で息を合わせて一つの活動体を演じることに慣れていないからだ。そうした慣れない集団が、慣れないプラクティス一式を教科書どおりにぎこちなく運用しようとしても手に負えず、「得られる効果なし」と二度と手を出さなくなる可能性もある。

ゆえに、組織アジャイルへの道を段階的に捉えることで現実的な歩みを作れるようにしたい。ここまで説明してきたアジャイルな取り組みを、意図的に分けて取り入れることを検討しよう。アジャイルの教科書からすれば、王道から外れた段階論と言えよう。それでも、取り組みの複雑さを下げなければ前へ進めないような地点からスタートを切るには妥当な道筋となる。

具体的には、〈重ね合わせ〉〈ふりかえり〉〈むきなおり〉の3つの段階を置く（図3-6）。まずチームや部門内の互いの状況を理解できるようにし、フィードバックを出せるようにするところから始める。次いで過去をふりかえり、自分たちの行為から学びを得られるようにする。そして、最後に行き

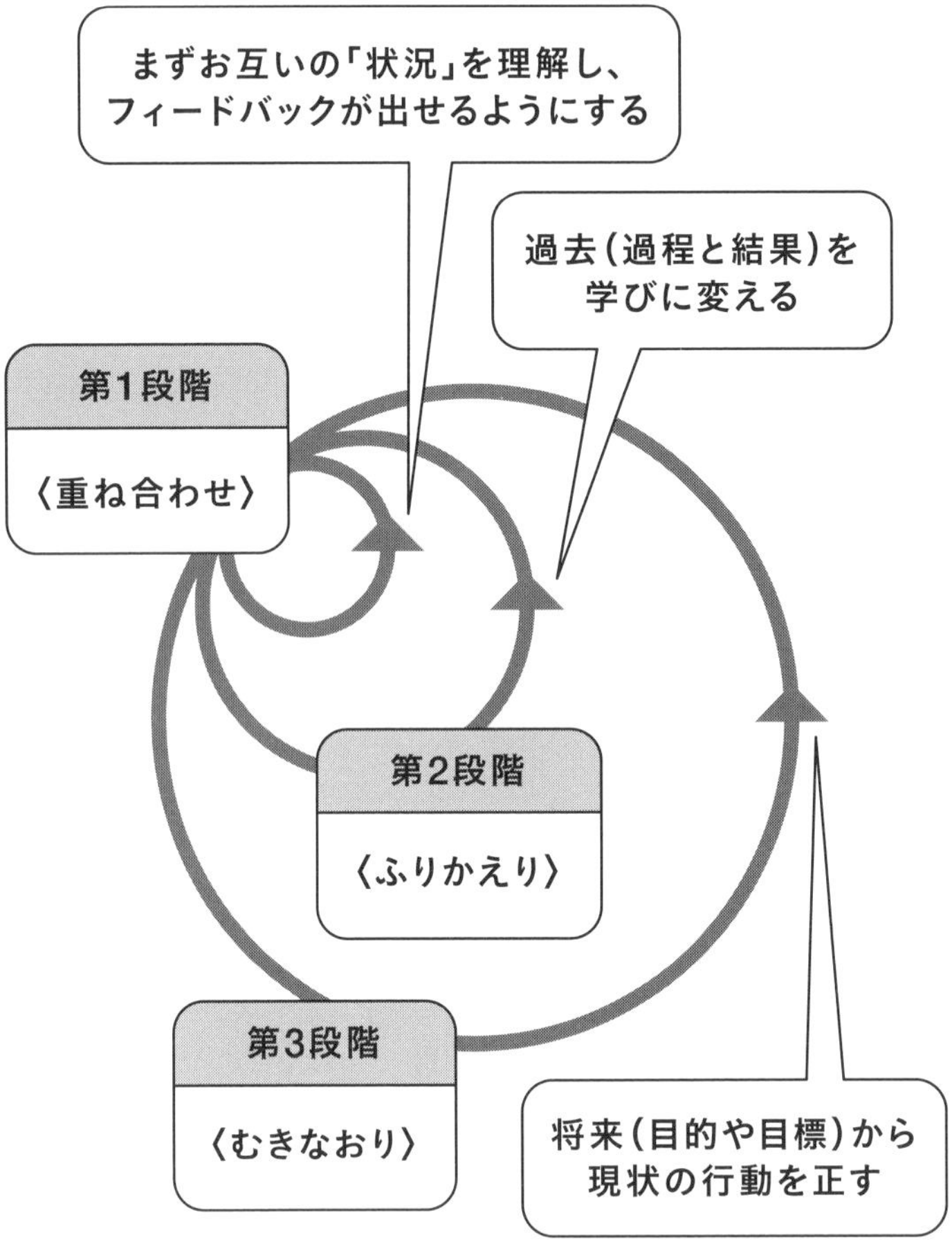
まずお互いの「状況」を理解し、
フィードバックが出せるようにする
過去(過程と結果)を
学びに変える
第1段階
〈重ね合わせ〉
第2段階
〈ふりかえり〉
第3段階
〈むきなおり〉
将来(目的や目標)から
現状の行動を正す

図3-6 〈重ね合わせ〉〈ふりかえり〉〈むきなおり〉

先を捉え直し、行動を変えられる習慣を身につけられるようにしよう。

組織アジャイル第一段階
「チームの状況をわかるようにする」（重ね合わせ）

組織アジャイルの一歩目は**〈重ね合わせ〉**である。前節で述べたように、まず「チームで仕事する」ということ自体に踏み出そう。重ね合わせはそのために不可欠な段階だ。具体的には、チームメンバーそれぞれが理解していることから、すでに手持ちにあるタスクまで、「見える化」することである。個々を見えるようにすることで、チームとしての理解ややるべきことを重ね合わせて捉えることができるようになる（図3－7）。

これは組織アジャイルに向かうための基礎にあたる。DXに組織的に取り組むと宣言しながら、その実「チームで仕事する」ことがどういうことなのかがまだわかっていない、ということは珍しくない。互いの文脈を共通のものとする「チーム」という活動単位は、探索と適応を手掛けるにあたって前提となる。

と言っても、「チームプレーが重要」という精神論からの主張ではない。最適化に最適化した組織の仕事であれば、個々別々に分けられた目の前の仕事に取り組んでいけばよい。こうした状況下では個人仕事が主であり、チームという概念は不要となる。そうした仕事ぶりがあたかも機械的であるた

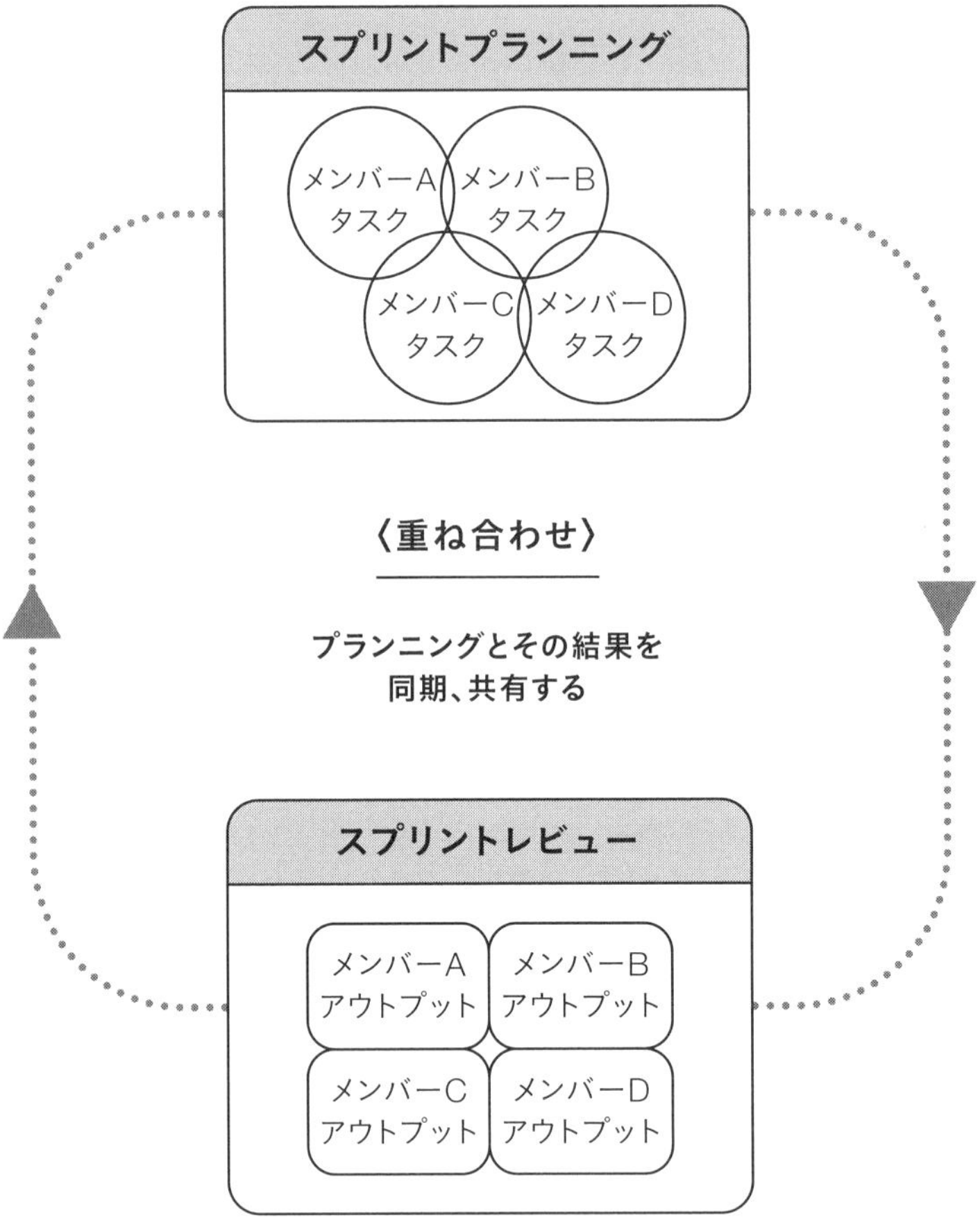
スプリントプランニング
メンバーA
タスク
メンバーB
タスク
メンバーC
タスク
メンバーD
タスク
〈重ね合わせ〉
プランニングとその結果を
同期、共有する
スプリントレビュー
メンバーA
アウトプット
メンバーB
アウトプット
メンバーC
アウトプット
メンバーD
アウトプット

図3-7　〈重ね合わせ〉

め、単純にそのアンチテーゼとして「チーム仕事」を擁立するべきだということではない。

探索自体を効果的に行うためには、そもそも「チーム」での取り組みが欠かせないのだ。繰り返すが、探索とは選択肢を広げるための活動である。何が可能性としてありえるのか、選択肢を列挙する際に下支えとなるのは、当事者の持つ思考性であり、さらには志向性や嗜好性でもある。であるならば、より多様な選択肢、仮説を導くには、当事者に多様なキャラクターが必要となるということだ。一人や二人では立てられる仮説の幅が小さく、その分可能性も小さい。つまり、より望ましいのは、一つの思考に均一化していない集団である。

逆に思考が均一化したチームは、その分意思決定が早く、あらかじめ想定ができる成果をあげるのは得意かもしれない。だが、こと探索における成果とは、どれだけ検証や試行を手掛け、そこから何を学び得たかである。探索においてチームに期待するのは、相反する仮説さえもあがってくるようなバラエティである。

チームの多様さが武器となるのは、仮説を立てるときだけではない。検証や試行を行った結果から学びを得るときにもその力を発揮する。一つの結果から何を学び取るかは**「解釈」**にかかっている。同じ結果を見ても、そこから学びなく単なるタスクの消化となるか、それとも値千金となる「新たな発見」につながるかは解釈次第である。多様なチームには多様な解釈が宿りやすい。この点もチームで取り組むことの意義となる。

一方、解釈には各自のバイアス（偏見）が作用しやすく、判断を誤る要因にもなりえる。各自のものの見方が単なる了見の狭い思い込みなのか、それとも切り口鋭い独自の視点なのかは見分けがたいところである。チームで解釈を行う利点はここにもある。異なる見方が互いへの牽制となるためだ。一つのバイアスで意思決定をするすると進めてしまい、大きな間違いを犯すということを防ぐ。

こうした狙いからすると、チームの判断を単純に民主的に多数決で行うということは必ずしも効果的ではない。フラットにそれぞれの解釈を吟味して、可能性について対話を重ねて判断したい。どうしても判断がつかない場合は、一方の意見をただ捨てるのではなく、可能性としてバックログに残しておけばよい。バックログの役割とは、チームの記憶の貯蔵庫である。優先度を調整した選択肢の保管場所なのだ。

さて、このようにチームを捉えると、「考えは多様でありながらチームとしての行動は矛盾することなくまとまりを得る」ということを実現せねばなるまい。バックログによるチームの活動の見える化はそのためのフレームとなる。もちろんバックログだけがあればチームのまとまりが得られるわけではない。バックログを踏まえた運用、つまりスクラムの型の適用が支えとなる。

具体的には、スプリントプランニングでチームで何に取り組むかを決めて、スプリントレビューでその結果に向き合う。スプリントをプランニングとレビューで挟み込み、当該スプリントで達成したいスプリントゴールを掲げて、チームが何を目指して動いていくのかという認識を共通にする。このゲームのルールに沿うようにするかぎり、チームでありながらばらばらで思い思いに仕事しているということにはなりにくい。

ただし、それでもスプリントゴール自体を置くところで意見が合わなかったり、ひいてはスプリントでやるべきことの認識が揃えられないということもありうる。そうした場合は、より上位の目的に立ち返るべきである。チームがそこに存在するには相応の理由があったはずである。いわゆるチームのミッションだ。ある特定の目標を果たすことも、あるいは目標自体を定めることもミッションに値する。よりわかりやすくミッションなるものを捉えるならば、「OKR」のようなフレームを用いるとよいだろう。

OKRでは、チームの目標(Objectives)を捉え、その目標に到達できたかを判断するための主要な指標(Key Results)を言語化する。目標を定めるためにさらにさかのぼるとしたら、チームの志(存在意義、パーパス)のようなものにまで立ち返ることになるだろう。ここまでの立ち返りが必要としたら、チームには対話がかなり不足している。探索に取り組む前に、「われわれはなぜここにいるのか」を問おう。場合によっては、われわれはなぜここにいるのか?の問いかけに答えられないチームや部門もある。こうした場合には、後述するように第二段階の〈ふりかえり〉への移行を先立たせたい。

さて、重ね合わせ(チームの見える化)にあたっては何から行うべきだろうか。まずもって仕事をすべて洗い出すところからである。今すでにやっていることおよびチームの捉えたミッション(OKR)をもとに、改めて何をなすべきかの洗い出しを行う。新規に立ち上げたチームでなければ、すでに何かしらの取り組みを行っているだろう。この可視化には時間がかかり、相応の苦労があるかもしれない。

しかし、その時点でもってチームの見える化がまだ行われていないとしたら、現状の取り組みの洗い出しをするだけでチームの機能性は高まる。必ずと言っていいほど「こんなことをしていたのか」という認識ができる。仕事の棚卸しによって、やめるべきもの、優先度を落としてよいものを明らかにすると、チームに余白を生み出せるようになる（もちろんこれらの判断のためにミッションやOKRを照らし合わせる）。余白は、新たな探索に出かけるために必要不可欠なリソースである。

ここまでを事前準備として、それ以降はスプリントの運動に入っていく。ミッションやOKRからスプリントゴールを見出す。スプリントゴールの実現のために必要なスプリントバックログをスプリントプランニングで選出する。こうしたゴール設定ややるべきことを決める際に、スクラムというフレームで最も意思決定に影響を与えるのは「プロダクトオーナー」という役割である。プロダクトオーナーは、プロダクト作りにおいてはプロダクトの価値を最大化することに責任を持ち、そのための判断や振る舞いをとる。

では、組織アジャイルではプロダクトオーナーとは誰が務めるべきだろうか。チームならばチームリーダー、部門ならば部門長のイメージが近くなりそうだ。チームや部門が果たすべきミッションについてはもとよりチーム全員で担う必要があるが、組織設計上の責任者として考えるとやはりリーダーや部門長になる。

ここまで述べたとおり、チームの意思決定は多数決でも一方的なトップダウンでもなく、スクラムのイベントに則り対話的に行うことを基本としたい。そうでなければ、多様性のあるチームの意義が得られないためだ。ただし、組織設計上定義されるコミットメントとのあいだで整合をとらなければならない局面は必ずある。そうしたときに、やはりチームとリーダーや部門長は対話をせねばならない。OKR（目標についての合意形成）やバックログ（優先度の調整）といったフレームを用いて整合を適宜調整していれば、そう酷い会話にもならないはずだ。

さて、探索だけではなく適応まで行うにはスプリントレビューは不可欠である。組織アジャイルの第一段階においてもスプリントレビューはもちろん実施したい。しかしいきなり効果的な適応が行えるとはかぎらない。初めて探索と適応に挑むチームとなればなおさらのことだ。おそらく、最初の段階におけるスプリントレビューは、前述のとおり「進捗の確認」とほぼ等しい内容となってしまうことだろう。これはやむをえないことだ。

初めての探索に乗り出す場合、最初の段階は立てる仮説も選択肢もあいまいだったり的を射ないもののことが多い。はっきり言ってしまえば、ろくな仮説が立てられないのだ。取り組む仕事にもよるが、第一に顧客についての理解が足りていないことが圧倒的に多い。製品やサービスを提供する相手のことをわかっているつもりでそうではない。少し突っ込んで顧客の状況を想定しようとすると、たちまち何もわかっていないことがわかる。そうした状況で立てる最初の仮説など、そもそも中身があってないようなものなのだ。

ゆえに、最初の探索を終えたときに適応しようにも、結果があまりに期待外れで、何のために検証、試行したのかわからないということにもなる。しかし自分たちに失望する必要はない。実はこの状況さえもひとつの適応なのだ。自分たちが何をわかっていて、何がわかっていないのかがわかる。「無知の知」（自分に知識がないことを自覚すること）に気づけた、それ自体が得られた情報なのだから。次に立てる仮説は明らかに最初のスプリントとは異なるはずだ。スプリントレビューで「何を学んだのか」、あるいは「なぜ学びがないのか」にチームで向き合うことで次の探索が変わる。

そう、〈重ね合わせ〉とはチームが取り組むべきものの可視化であり、チームそのものの状態を表す役目を果たすのだ。見える化に努め、スプリントを回転させるほどにチームの理解は高められる。

そうしたチームの状態把握を行うタイミングはスプリントレビューだけではない。スクラムのイベントの一つである「デイリースクラム」も該当する。デイリースクラムは原則として毎日行う。一日の仕事を始める際に、チームが全員集合し、自分たちの状態について問いを投げかける場だ。「昨日達成したことは何か」「今日これから取り組むことは何か」「取り組みを阻害する何かがあるか」に向き合う。こうした問いに何となくチームで答えるのではなく、チームメンバー一人ひとりが自分の状態について表明する。メンバーの状態の総合がチームの状態なのである。チームの仕事は連結しあうものだから、一人ひとりが何かに躓いてしまっていると、やがてチームにその影響は及ぶ。デイリースクラムは、遅くとも24時間以内に、チームメンバーの個々の状態を明らかにするタイミングとなる。

ここまでが、第一段階で取り組むことであり、目指したい状態である。取り組み上困難な点にいくつか直面するかもしれない。いきなり多くを望んだとしてもチームの動きがついていけない。うまくいかなければ、うまくいくところまで立ち戻ってやり直す。最小の一歩目は、やはりチームで取り組む仕事の棚卸しだ。

ただし、いつまでも適応が機能せず棚卸し止まりとなると、単なるタスクマネジメントと変わらない。タスクマネジメント自体は必要不可欠な行為であるが、チームや部門のもともとの状態が過度に最適化していると、各々の混じり合わないタスクをただ可視化しているだけになる。可視化の維持も相応の労力を要するため、こうした状態が続くと取り組む意義が感じられず、形骸化したり、継続が難しくもなる（つまりチームで取り組む意味が見出せなくなる）。

このような状況に直面する場合、適応が必ずしも行えていなくても次の段階（ふりかえり）へと進もう。そもそもチームや部門の中で互いに共有するべき背景や文脈を整えるのに時間を要する可能性が高いからだ。ふりかえりを通じて、チームや部門内の共通の文脈作りを行う（詳しくは次節で述べる）。

特に新規のチーム立ち上げではなく、すでにある部門が組織アジャイルに取り組む場合は、状態によっては次の段階の〈ふりかえり〉を優先したほうがよい。それは、チームが抱えるタスクがやたらと細かく、かつそれぞれの分担が明確に行われているような状態のことだ。この場合は、見える化をスプリントで反復的に行うのが現実的ではなく、かつ苦労に見合うメリットが得られない。次のふりかえりから始めて、その後見える化の仕組みを構築しよう。

組織アジャイル第二段階
「共通の課題を扱う」（ふりかえり）

第一段階の重ね合わせによって、互いの抱える仕事が可視化され把握できるようになる。自分たちが相手にしている仕事の全容がわかってくる。誰が何のためにどういう仕事をしているのかが把握できる。こうして、チームや部門で共有できる「文脈」が形成されていく。文脈があるからこそ、私たちは対話を重ねることができる。

逆に、仕事の全体性が掴めなければ、「われわれはなぜここにいるのか」を問うてもその解を見出すのが難しい。ここにいる理由はわからないままだ。

たいていの場合、全体性の理解から何をなすべきかが少しずつ言語化できるようになる。理解が進むことによって、逆にいま取り組んでいることを止めて、別のことを始めるべきだという判断をとることもありうる。

問題となるのは、前節で示したように、各自が取り組む仕事が微細に分割されすぎている場合だ。過度な最適化に陥っている組織ほどこの状態にある。仕事の全容を掴んだところで共有すべき文脈が見出せず、可視化のための労力が割に合わない（実際に一度スプリントを回してみて、この活動を持続させられるかで判断しよう）。

こうした状態の場合は、全体の見える化に固執するより、早期に〈ふりかえり〉に取り組むほうがよい。ふりかえりによって、少なくとも目の前の仕事を進めるにあたっての各自の困りごとを見出せるからだ。お互いが抱える課題の可視化によって、課題と課題のあいだの共通性を見つける。こうした課題の共通性が、そのチームや部門にとっての「文脈」の代わりとなる。つまり、共通性のある課題を解決しようという「文脈」（チームで取り組む意義）を作り出すことができる。過度に個別化した組織はここから始める必要がある。

さて、見える化が機能するチームの話に戻ろう。チームや部門の「文脈」がわかりやすくなることで、「共通の課題」が何かも特定しやすくなる。お互いに何に課題を感じていて、チーム活動を進めるうえでの障壁やボトルネックがどこにあるか理解がしやすくなる。要は、「そうそう、それぞれ」が言えるようになるということだ。

同じ理解のうえでふりかえりが行えるとより効果的だ。お互いに共通の課題であると認識したことを一つ解決するだけで、チーム全体へのカイゼン作用が期待できる。もちろん、チーム全体の課題であるから、その解決策は全員で講じる。こうした取り組み自体を通じて、チームビルディングもさらに進むことになる。

共通の課題を見出し、チームとして解決する。課題が解決できればチームの活動もより前に進む。そして、またふりかえり、次の課題を見出す。徐々にカイゼンが積み重なるわけだから、そのうえであげられる課題は高度になっていくところがあるだろう。

それはつまり、自分たち自身で自分たちの思考や行動を意に沿うようにコントロールできるようになるということだ。未熟なチームは、こうありたいを描いたとしてもチームとしての思考や行動がそれについていかないものだ。だから、スプリントゴールも最初はろくに達成できないし、全体の進みも悪い。

ふりかえりを通じて行うこととは、チームを〝一人の人間〟のように見なしてその動きをなめらかにしていくことなのだ。何かをしようと考えて、相当な時間が経ってから行動が始まるのではなく。情報は目や耳に届いているが、それを受け止めて反応するまでに相当な時間を要するのでもなく。チームとしての一つひとつの動きが機敏に、何よりも自分たちの意図したものとなるようにカイゼンする。それはミッションについての共通認識を醸成することかもしれないし、チームの約束事を決めることかもしれない。こうした一つひとつの次にやるべきことをバックログに挙げて着実にスプリントの中の実行に混ぜるようにしよう。

次にやるべきことはいくつも挙がることだろう。優先度をつけられて、なおかつ忘れ去られないようにバックログでマネージしていくことは理に適う。ただし、最初の段階においては、複数の課題を一度に扱うのは避けたほうがよい。同時に取り組む課題を一つに絞ろう。これを**「一個流し」**と呼ぶ。

一個流しの意義とは何か。解決するべき課題がいくつも見つかったのであれば、片っ端から片付けていくことで早期にチームの機能性を高められるのではないか。そうした並行の取り組み方は、初期段階のチームにはおすすめしない。チームが課題に取り組めるキャパシティが見えていない場合が多く、一度に多くのことを扱おうとすると不用意な混乱を招く恐れがある。そしてそれ以上に、複数の課題を扱うことで解決まで相応の時間をかけることになるからだ。

2〜3スプリント先で3つほどの課題解決が得られるよりも、1スプリント目で最初の課題が解決できるほうが望ましい。後者であれば、次のスプリントでカイゼンの効果が早速期待できるからだ。このように、一つひとつの課題解決にかかる時間（リードタイム）をできるかぎり短くする動き方のほうが、特にチームの力量がまだ伴っていない段階では効果的だ。

さて、第二段階はいつまで続けていくとよいだろうか。先に言っておくと、ふりかえり自体をやめることはない。仕事に取り組むかぎり、私たちは何らかの課題に遭遇する。ふりかえりは永続的に行う。ただし、ふりかえり止まりにしてしまうと、わかっている範囲の仕事のカイゼンにとどまる。本来、チームや部門が取り組むべきことは何なのか、という根本的な方向性の見つめ直しやその転換が置きにくい。いわば同じトラックをひたすら走り続けているだけになる。こうしたルーチン化を感じ始めたときに次の段階へと移行しよう。

実際には、段階の移行を適したタイミングで判断するのは難しい。走り続ける当事者の目線とは異なる視座に立って見る必要があるからだ。自分たち自身をさらに上から眺めるメタな視点があれば、方向性を捉え直すこともできる。ところがチームは目の前の仕事に焦点を当てて仕事を進めているものだから、このメタ的な認知が行いにくい。ここで、スクラムでいうチームの支援者たる**「スクラムマスター」**のような存在が組織アジャイルでも求められる。スクラムマスターは、スクラムというフレームに熟達した存在で、その知見でもってチームをガイドしたり直面しそうな障害に先回りするなど、チームにとって縁の下の支えとなる役割である。組織アジャイルでも、チームにとっての気づきを促す重要な存在となるだろう。

ただし、ソフトウェア開発におけるスクラムの知見をそっくりそのまま組織アジャイルでも適用すればよいわけではない。対象がソフトウェア開発と組織運営ではやはり前提が異なる。たとえば、ソフトウェア開発であればゴールがないという状態はありえないだろう。何かしらのソフトウェア作りを行うということで共通の文脈を置くことができる。しかし、本節で述べたように、個別化に最適化した組織ではそうした共通のゴールや共有できる文脈さえない場合があるのだ。こうした違いに留意し、私たちは組織へのアジャイル適用に取り組まなければならない。

組織アジャイル第三段階
「向かうべき方向性を見出す」（むきなおり）

重ね合わせとふりかえりによって、チームや部門で捉える「文脈（何のために何をするべくこのチームは集まっているのか）」が明確になっていくと、仕事の領域がどのあたりになるか見当がつくようになる。既存の部門で組織アジャイルを進めていくと、やや関係性の弱い文脈が混在してしまっていることに気づくことがある（共通のミッションを追う「チーム」ではなく、ただ寄せ集められた「グループ」のイメージ）。ふりかえりを行っても課題の共通感が弱く、見える化を行っても相手の仕事へのフィードバックが出しにくくなる。こうした場合、関係性の有無によって領域を分ける、つまりチームの再編を考えるようにしたい。無理して寄せておく必要はないということだ。互いに共通の目標を自然と置ける単位がチームとなる。

さて、ふりかえりにルーチン感が出てきて、重箱の隅をつついている感じがし始めたら、遅くとも〈むきなおり〉を行うようにしたい（できればそうなりきる前に）。ふりかえりにルーチン感が得られるということは、もうそのトラックはクリアしたということだ。次のステージに向かおう。「われわれはなぜここにいるのか」という問いが、次に向かうべき先（ミッション）を捉えるすべとなる。

こうしてミッションの言語化が進めば、チームや部門として何に取り組むべきなのか活動の全容を捉え直し、より本質に沿えるようにアップデートもできる。このように、全体性の理解とミッションの定義とは相互作用的で、どちらも徐々に解像度を上げていくイメージを持ちたい。

ミッションを言語化する具体的な方法はいくつか存在する。この章で繰り返し用いた「われわれはなぜここにいるのか？」という問いは、インセプションデッキというフレームで用いられるものだ。チームや部門でインセプションデッキを作ることで方向性を得るというのは良いアイデアだ。ただし、インセプションデッキのもともとのフレームはソフトウェア開発向けのため、アレンジを加えて用いたい（図3－8）。

インセプションデッキは、方向性の大枠を捉えるものと言える。チームや部門を運営していくうえではもう少し落とし込みがあってもよい。特にミッションからスプリントゴールへの連鎖を可視化しておけると、スプリントでの活動でも常にミッションを隣に感じられる。「ミッションシート」と呼ばれる、チームが捉えておく覚え書きを紹介しておく（図3－9）。

ＯＫＲも、到達したいことを示すには良い手段である。インセプションデッキやミッションシートをチームや部門で作る場合は、ＯＫＲは個々人の目標の可視化として用いるのがよいだろう。ミッションシートで捉えたチームの目標に、個々人にとってのチャレンジを合わせてＯＫＲを設定することで、個人として達成したいこととチームの成果を重ねられる。

むきなおりが本領を発揮するのは、最初のミッション設定ではない。むしろその後だ。そもそも探索におけるミッション設定に不慣れなチームが最初に立てる内容とは、たいていの場合あいまいで頼りないものだ。最初から、設定したミッションは定期的に捉え直す対象であると見なしておくほうがよい。

われわれはなぜここにいるのか	エレベータピッチ（誰のために何を提供するのか）	やらないことリスト	トレードオフスライダー	期間を見極める
チームや部署で達成したい目的、目標を挙げる	端的に何を誰向けに提供するのか特徴を要約する。解決する課題や要望、対象となる顧客・ユーザー・部署、重要な利点、代替手段／差別化要因など	チームや部署として取り組まない（別の時期に行うなど）と明確に決めている事柄を挙げる	品質／予算／締め切り／コストなどの基準についてどれを優先するかを明示する	直近の1ヶ月〜3ヶ月程度の時間軸でどういう目標を達成したいかを可視化する

ご近所さんを探せ	夜も眠れない問題
チームや部署の外部にいる関係者の洗い出しと、チームとの関係性を図示化する	想定しているリスクを挙げる
WHYを明らかにする	**HOWを明らかにする**

- デッキ作りの目的は、チームや部署内で相互に取り組み内容についての共通認識を醸成すること
- 全体は7個のアジェンダで構成されており、一つひとつを全員で作り上げていく
- 全員が一同が会して取り組む　※ドキュメントとして作りそれを回覧するといった進め方はとらない。認識合わせのためのインタラクティブな対話を重視する
- 一度作って終わりではなく、〈ふりかえり〉、〈むきなおり〉の際に見直しを行う

図3-8　インセプションデッキ（組織アジャイル版）

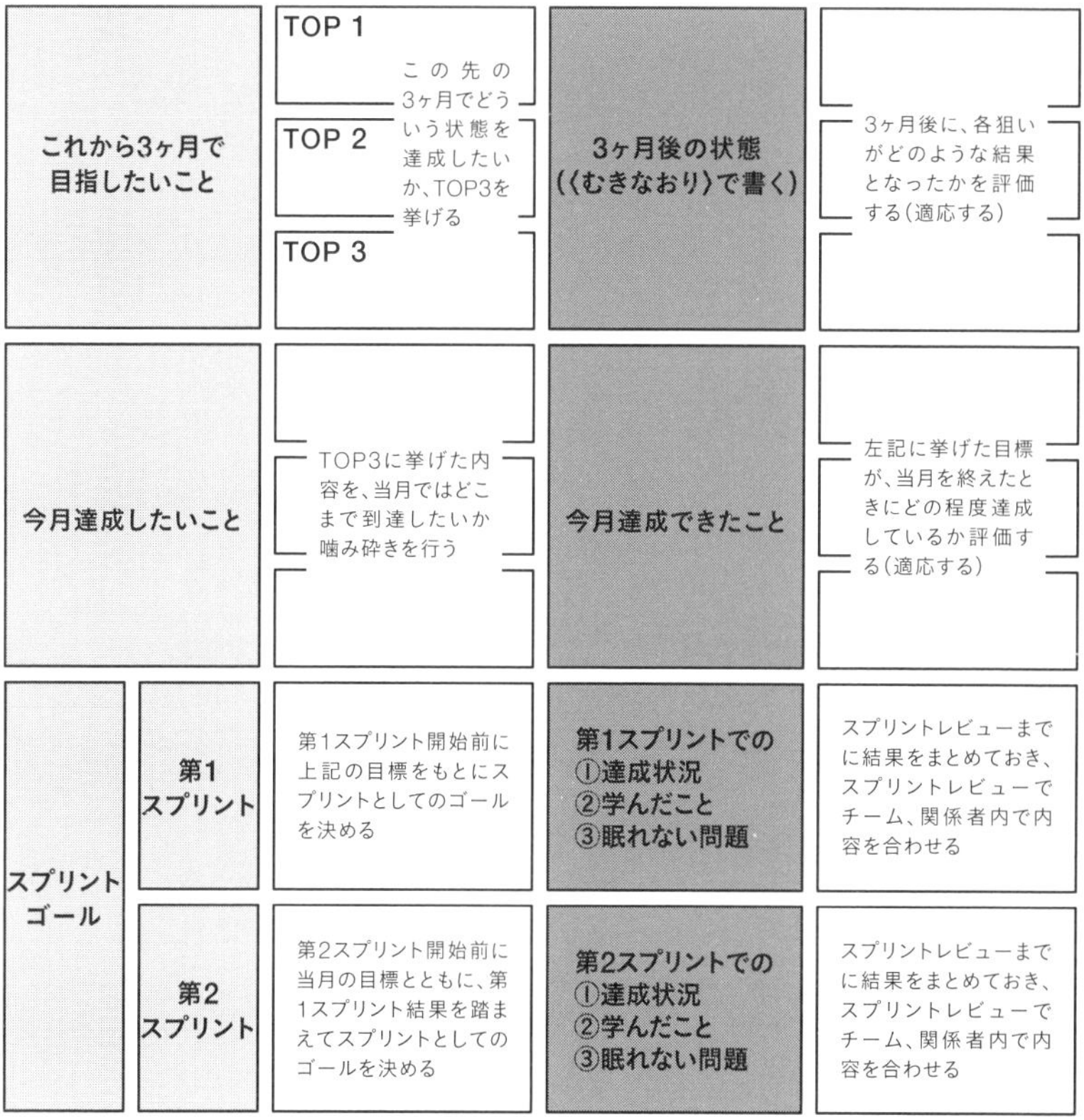

これから3ヶ月で目指したいこと
TOP 1
TOP 2
TOP 3
この先の3ヶ月でどういう状態を達成したいか、TOP3を挙げる
3ヶ月後の状態（〈むきなおり〉で書く）
3ヶ月後に、各狙いがどのような結果となったかを評価する（適応する）
今月達成したいこと
TOP3に挙げた内容を、当月ではどこまで到達したいか噛み砕きを行う
今月達成できたこと
左記に挙げた目標が、当月を終えたときにどの程度達成しているか評価する（適応する）
スプリントゴール
第1スプリント
第1スプリント開始前に上記の目標をもとにスプリントとしてのゴールを決める
第1スプリントでの
①達成状況
②学んだこと
③眠れない問題
スプリントレビューまでに結果をまとめておき、スプリントレビューでチーム、関係者内で内容を合わせる
第2スプリント
第2スプリント開始前に当月の目標とともに、第1スプリント結果を踏まえてスプリントとしてのゴールを決める
第2スプリントでの
①達成状況
②学んだこと
③眠れない問題
スプリントレビューまでに結果をまとめておき、スプリントレビューでチーム、関係者内で内容を合わせる

図3-9　ミッションシート

むきなおりは、あくまでふりかえり同様に定期的に行う。「そろそろ見直したほうがいいかな」といった主観によって左右されるようなものではない。たとえば4スプリントごとに、あるいは3ヶ月ごとに必ずむきなおりをする、といった決め方をしておく。

むきなおりではまず、方向性へのゆらぎがないかを確認する。ゆらぎがなければすでに定義しているミッションでもって、現状の取り組み内容を見直す。これまでに完了させてきたスプリントゴールやバックログ、あるいはこれから取り組む予定のバックログの全容を俯瞰する。ミッションとのあいだに乖離があると判断できる場合、つまり「このバックログを進めていってもミッションに到達できない」と見立てるならば、バックログのリファインメント(手入れ)を行う。具体的には、必要な施策を追加し、ミッション達成への貢献度が低いものの優先度を下げる。

一方、方向性自体の見直しが必要であると判断できる場合がある。ミッション自体に違和感を感じるようになった、チームや部門がいま理解している方向感と乖離がある、いずれにしても状況が進んだことで得られたことだ。頭の中で描いているだけで、何も状況が変わっていないとしたら、言語化したミッションに新たに感じるものはないままだ。違和感にしろ何か感じるものがあるとしたら、それは置かれている状況や先々の展望について新たな解釈が生まれているということだ。その感じ取りを見逃してはならない。だからこそ、むきなおりも催行を定期化し、常に立ち止まって捉え直す機会を用意しておくのだ。

われわれはどこから来て、どこへ行くのか。そして何者なのか

探索から適応への回転を繰り返すなかで、ある時のむきなおりによって最適化へと進む判断に辿り着くことがあるだろう。部門単位での最適化もありえるし、あるサービス、ある仕事についての部分的な最適化判断もありえる。私たちの仕事は複雑さを増しており、あるサービスは探索適応を続けるが、あるサービスは最適化運用に徹するという使い分けを行うことになる。

どのようなレベルの最適化であっても、最適化から再び探索へと戻る機会を備えておきたい。つまり、最適化段階でも〈重ね合わせ〉〈ふりかえり〉〈むきなおり〉を実施する。スプリントやスクラムイベントといった探索適応段階と同じフレームを利用する。ただ、より最適化に適したタイムボックスの長さやフレームへの移行も講じていく。タイムボックスは状況が安定的ならば長くなるだろうし、より仕事のリードタイムを求めるならば短いままかもしれない。運営のフレームも、バックログよりももっと仕事の状態に合わせた「カンバン」によるマネジメントに移行するかもしれない。

こうした手段や道具の最適化を進めながらも、重ね合わせ、ふりかえり、むきなおりの本質を失うことはないようにしたい。全体性の理解がなければチームは的を射る行動がとれなくなっていく。ふりかえりがなければ、個別最適化にただリソースを費やすことになる。そして、むきなおりがなければ、ミッションの捉え直しがなく最適化への最適化に行き詰まっていく。

前章にて、組織の「意図」「方針」「実行」を分けて説明を行った。組織アジャイルとは、この3者の

あいだでの一致を作るための取り組みである。実行とはチームが取り組むべきことであり、スプリントゴールやバックログで捉えられ、方針とはミッションのことだ。

つまり、意図→方針→実行のうち、方針に適合するように行動を正していくのが〈ふりかえり〉にあたり、方針自体を捉え直すことは〈むきなおり〉と言える。では、意図はどう扱えばよいのか。この意図が、組織の中に脈々と存在し続ける「認識」(特にこれを「常識」と呼ぶ)に強く制約されて容易に変えることができなくなってしまうことに最適化の呪縛問題があったわけだ。

ここまで来れば答えは見えている。**意図を変えるには、自分たち自身にある「認識」に目を向けなければならない。**思えば組織が「最適化への最適化」の虜になってしまったのは、過去に対するふりかえりや未来に向けてのむきなおりに取り組めていなかったから、だけではない。おそらく、自分たちが「何者なのか」という問いを置き去りにしてきたからではないか。

われわれがどこから来たのかはふりかえりで捉えられる。そして、われわれがどこへ行くのかはむきなおりで決める。そうしたふりかえりとむきなおりを行う当事者たる自分自身がいる。過去からのつながりと未来に向けたあいだに存在する「われわれは何者なのか」という自己の認識次第で、何をもって良しとするのかが定まる。つまり、どうありたいかという組織の意図が定まる。

逆に言うと、私たちは過去からの流れを完全に断ち切り、また未来に向けての想像なくして、今を定めることは難しい。できなくはないが、不安定になる。過去からのつながりが一切なければ不安に陥り、未来に向けての展望が描けなければ疲弊する。

われわれは何者なのかという問いにどう答えるかでミッションも変わる。誰にとって、どういう価値を提供する存在であるのか。ある決められたソフトウェアの開発を委託されるチームであると定めれば、納期までに一定の品質を保った使えるソフトウェアを作ることがミッションになる。ある社会課題を解決するための部門であると捉えれば、そのために必要なデジタルサービスを提供し続けることがミッションとなる。作ることも、カイゼンすることも、運用することも、ユーザーに寄り添うことも、ミッションのために必要なやるべきこと（バックログ）となる。

何者なのかにどう答えるかは、それぞれの組織次第である。最初から高邁な存在として認識せよと言いたいのではない。むしろ、外に向けての聞こえばかりが良くて、方針や行動が一向に伴わない組織に陥っても意味がない。「何者か」の認識は、答える当事者の視座の高さや視野の広さによって大きく影響する。視座と視野は、探索と適応の繰り返しのなかで高められ、広げられるものである（図3－10）。

つまり、自分たちを何者かと捉えること自体が段階的に変わっていくものなのだ。私たちは常に同じ場所を周回しているのではない。**アジャイルの回転を積み重ねていくたびに、問い直しの機会を得て、次元を変える成長を果たしていくことができる。**二周目は一周目とは違うのだ。繰り返す周回を同じトラックにしないつもりで常に臨もう。

ゆえに、われわれは何者なのかと問うことをやめてしまったとき、組織の歩みは止まってしまう。自己の認識が固定化してしまうことになる。あるいは希薄化してしまい、何者でもなくなることすらある。やはり、何者かを問うことにも終わりはない。組織の（デジタル）トランスフォーメーションとは、自分たちが何者かを問い続けられる組織となることだと言えよう。

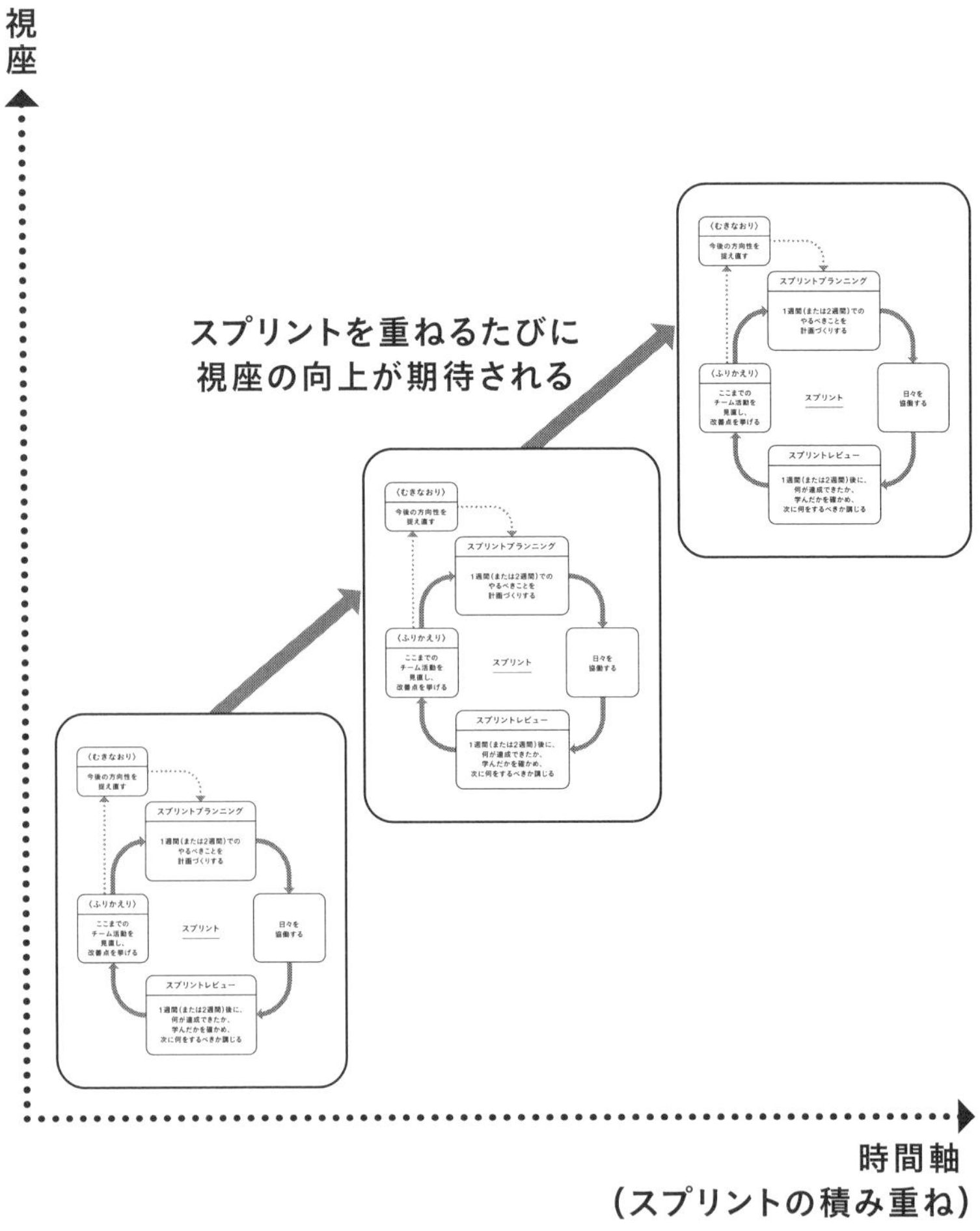
視座
スプリントを重ねるたびに
視座の向上が期待される
〈むきなおり〉
今後の方向性を
捉え直す
スプリントプランニング
1週間（または2週間）での
やるべきことを
計画づくりする
〈ふりかえり〉
ここまでの
チーム活動を
見直し、
改善点を挙げる
スプリント
日々を
協働する
スプリントレビュー
1週間（または2週間）後に、
何が達成できたか、
学んだかを確かめ、
次に何をするべきか講じる
〈むきなおり〉
今後の方向性を
捉え直す
スプリントプランニング
1週間（または2週間）での
やるべきことを
計画づくりする
〈ふりかえり〉
ここまでの
チーム活動を
見直し、
改善点を挙げる
スプリント
日々を
協働する
スプリントレビュー
1週間（または2週間）後に、
何が達成できたか、
学んだかを確かめ、
次に何をするべきか講じる
〈むきなおり〉
今後の方向性を
捉え直す
スプリントプランニング
1週間（または2週間）での
やるべきことを
計画づくりする
〈ふりかえり〉
ここまでの
チーム活動を
見直し、
改善点を挙げる
スプリント
日々を
協働する
スプリントレビュー
1週間（または2週間）後に、
何が達成できたか、
学んだかを確かめ、
次に何をするべきか講じる
時間軸
（スプリントの積み重ね）

図3-10　視座の向上

組織の芯を捉え直す問い

●**アジャイルを始めるのに、大がかりに、大勢の関係者から始めようとしていないか？**

まったく経験がないのに、アジャイルプラクティスをフルセットでやろうとして、さらに成功の約束を交わしてしまっていないか。

●**チームのミッションややるべきことを一部の人間のみが理解して、他のメンバーには逐一すべて指示することで仕事を回すようになっていないか？**

やるべきことの可視化、構造化、順序付けが行えているか。

●**新たな取り組みを始めることばかりに意識が向いて、やるべきことの交通渋滞が起きていないか？**

新たな取り組みを始めるだけの時間を物理的に確保できているか。チームや部署で何から始める必要があるか。

● **すでに方向性が変わっているのにもかかわらず、従前の目的と目標の達成しか頭になく、考え直しができないていないことはないか？**

立ち止まって考え直す機会を定期的に作れているか。そこでは何を問うべきか。

● **自分たちが何を果たすべき存在なのか、問い直すことができているか？**

顧客、社会、環境に対して自分たちがどのような役割を果たすことで、いかなる貢献を行うのか。自分たちで定義した提供価値は相手にとって重要なものとなっているか。

第4章

組織とは「組織」によってできている

単一の部門やチームでアジャイルの適用が進んだとしても、組織において他のチームや部門が変わっていなければ、必ずといっていいほど壁にぶつかることになる。

4-1 最適化組織 対 探索適応組織

組織アジャイルを適用する3つの段階（重ね合わせ、ふりかえり、むきなおり）を経て、私たちはどこに到達するのだろうか。そして、さらにその先で直面するものとは何か。そこには必ず「壁」が存在する。組織としてアジャイルに臨もうとすることで突き当たる「壁」である。それは、一つのチームでアジャイルに取り組むのとは異なる困難である。私たちはこの「壁」を乗り越えなければならない。まずはここまでの内容を振り返りつつ、どのように成熟を得ていくのか、なぞっていくこととしよう。

「自己組織化」への到達

組織アジャイルの3つの段階を経て、私たちはこれまでにはなかった探索と適応のすべを手にすることになる。変化を最も感じるのはおそらく「適応」のときだろう。組織アジャイルにおける適応のタイミングは大きくは3つある。スプリントレビュー、ふりかえり、むきなおりである。

このうちスプリントレビューは、スプリントごとに実施するためその頻度が高く、かつバックログを対象とするためわかりやすい。あるタスクを終えて、その結果から次に何を行うべきなのか、従来どおりに進めればよいのかと判断を行う。一つひとつタスクを完了として積み上げていく行為は思いのほかチームや部門に後押す力を与えてくれる。一つひとつの完了を確認するたびに、自分たちが仕事を成し遂げたのだということをわからせてくれる。そうした達成感のもとで、結果からの適応に取り組む。

ふりかえりとむきなおりは、より直接的に自分たちの仕事のやり方自体や方向性について影響を与えることになる。繰り返していくことによって、徐々に仕事の方法が洗練され、また活動が合目的的になる。この適応から得られるのはセルフコントロール感だ。自分たちで自分たちの思考や行動を良い具合に働かせられる感覚になる。

皆で意図や方針どおりに動けるように、どれほど密度の高い図や絵を描いたところで、そのように考えたり動けたりが簡単にできないのがチームや部門といった集団のもどかしさだ。そもそも一人の人間でも自分自身を思うように動かすのは難しい。集団となればなおさらだ。組織アジャイルは、集団に対してチームで考えるという「頭脳」と、チームで動くという「身体」を与えることになる。「チームで考えて動く」というメカニズムを作り上げるのが、ここまで見てきたスクラムのフレームであり、ふりかえりとむきなおりなのだ。どの概念も最終的には欠かすことができない。スプリントという概念がなければ私たちはチームとしての適応のタイミングを永遠に失う。バックログはチームが共通で持つ認識を表すことになる。スプリントプランニングがなければこれから何に取り組めばよいのかという思考を失う。スプリントレビューがあるから取り組んだ行為から学びを取り出すことができる。デイリースクラムはさながら知覚にあたり、日々の変化や違和感を検知できるようになる。ふりかえりがなければ、私たちは考えて動くまでのタイムラグに悩まされることになる。むきなおりがあればこそ、どこへ一歩踏み出せばよいか自信を持つことができる。

　これらの概念と取り組みが、チームに人体さながらの機能性を与えるのだ。しかも、繰り返し繰り返し組織アジャイルを回し続けることによって、方法がチームに馴染んでいく。それは競技の練習を繰り返すほどに上達を果たす「プレイヤー」そのものである。集団でありながら〝一人の人間〟のような機能性を身につけられると圧倒的に結果を出せるようになる。

　当然だろう。集団が持つ多様な知見が可能性を作り出し、一人の人間のような自律性が仕事を望んだように完結させていく。探索と適応をごく自然に行える組織は、自らを標準やルール、目標で必要以上に縛る必要がない。取り巻く状況の変化、環境や社会の動きに対応して自分たち自身で目標を再設定し、さらには「何のためにやるのか」という目的をも作り出せるようになる。

　このように、**外部からの制御なしに自ら適した状態へと自己形成に導くことを「自己組織化」と呼ぶ**。最適化の方向に閉じこもってしまった多くの組織に比して、まさに対極にあると言える。自らを律せるということは、思考停止の沼から抜け出せなくなった組織でありがちな「不条理」（なぜするのかの「なぜ」がない）、「非効率」（昔ながらの方法ではもはや適さない）、「機械的」（定められた指示以外の判断や動きは不要）を見ることがなくなる。あり方が根本的に異なるのだ。

　こうした状態に辿り着くためには、組織が置いている標準やポリシーに見直さなければならないところが出てくる。自己組織化の対極の状態を維持するためにそうしたものが存在しているのだから。このあたりが組織のあり方を変えていく際のボトルネックになる。そこで絶好の機会として利用するのが「DX」なのだ。DXという社会的な流れとそれに対する期待が、組織への「ゆらぎ」をもたらしている。何かを変えるのに、これほどの後押しはかつて存在しなかった。良い意味でこの機運を利用しよう。というよりは、組織によっては変化のためのラストチャンスになりかねない。

機運が得られているとはいえ、そもそもあり方を変えるというのは容易ではない。自己組織化という性質は自然と獲得できるものではない。組織アジャイルの3つの段階に意図的に取り組むことがその初手となるのだ。

組織アジャイルの成熟度を測る

3つの段階に取り組むと言っても、やはり一朝一夕で身につくものではない。先に述べたように、最初は組織アジャイルが示す競技のルールとでも言うべき、条件やフレームの上で繰り返しステップを踏み、組織の身体を慣らさなければならない。3つの段階を繰り返し繰り返し、「次は何をすればいいのか?」といった意識が不要となるくらい、おのずの動きになることを目指したい。さながら人の身体の動き同様に、違和感なく滑らかな動きがとれるまでだ。

こうした成熟の度合いを測る何かしらのものさしがなければペースも掴めないだろう。一つの指針を示す（図4－1）。

最初にあるのは**「自己管理（セルフマネジメント）」**である。組織として、チームとして、一人の人間になっていくためには、その集団を構成する一人ひとりがそもそも自己の振る舞いに責任を持てる存在であることが求められる。自分のやっていることがどうなるかわからない、そんな自己理解もコミットメント感も弱いようでは組織の中で背中を預けることはできない。よしんば、そうした状態をチームの力で補えたところで「自律している」と言えるだろうか。なあなあで取り組んでいくことは楽に思えるかもしれないが、結局何をしても結果が出にくく、時間もかかり労力を食うことになる。

自分に何ができて、何ができないのか、踏まえて何をコミットメントできるのか、ひいてはコミットメントを高めるためには自分に何が必要なのか。そうした自問自答がセルフマネジメントを強くしていく。タフ・クエスチョンかもしれないが、自分自身の理解を深めるということは、できないことも含めて結果の予測や掛かる労力の見立てができるようになるということだ。

そうするとかえって、何を自分ですべきで、何に他者からの支援を求めるべきか指針も立てやすくなる。自分で自分の指針を立てられること、しかも結果への期待をある程度持てること。こうした状況を作っていけると、セルフマネジメントにも楽しみが得られる。まずはセルフマネジメントのある集団を目指そう。それが次のレベルに向かうための資格にもなる。

その第二レベルは**「見える化」**の到達である。自身の目論見と行動について十分に自己理解できているからこそ、何を見えるようにすればよいかが言える。的を射た可視化ができるということだ。自己理解が乏しいままそれぞれのやるべきと思われるものを持ち寄ったところで「ゆらぎ」が大きすぎる。

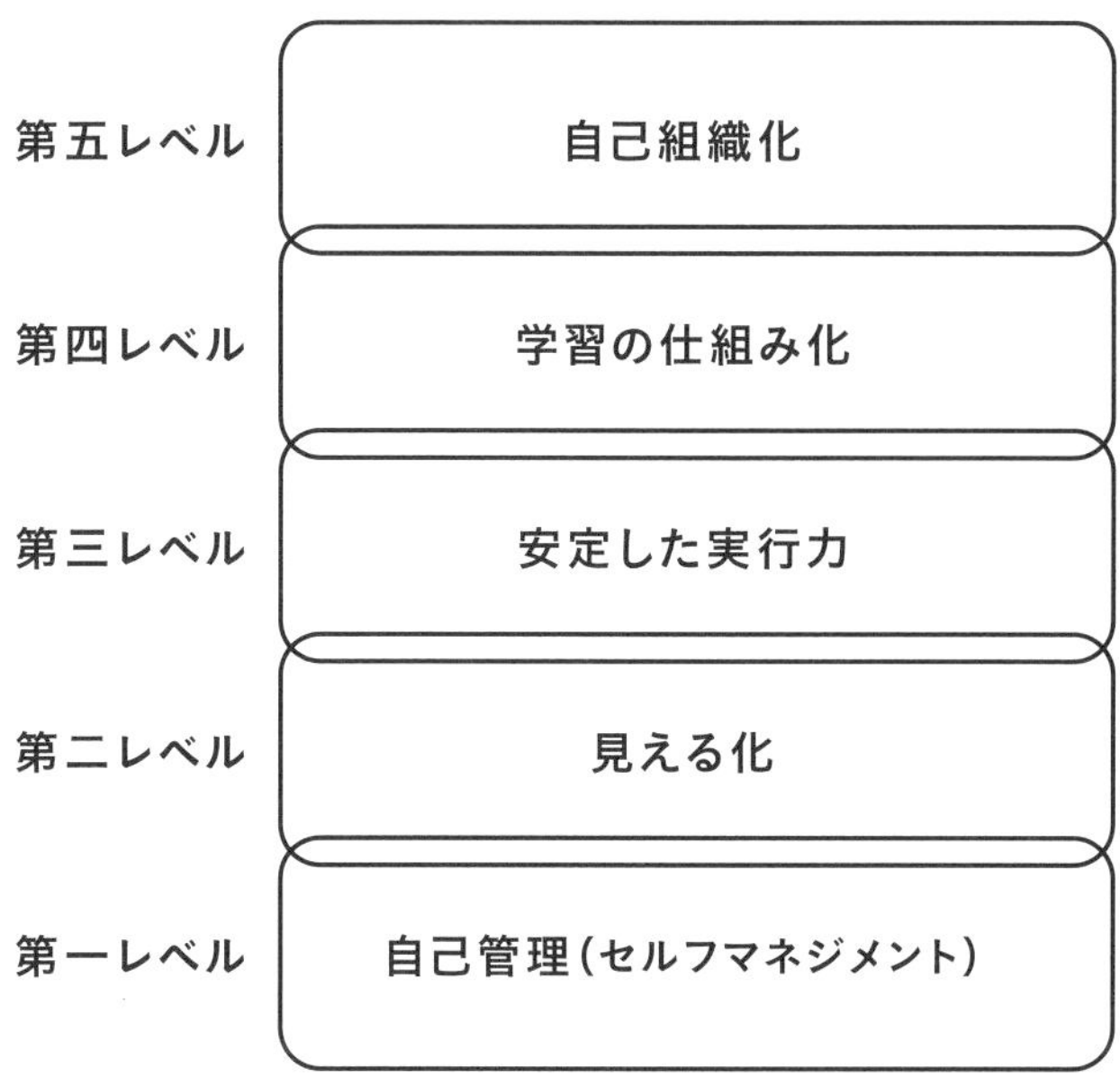
第五レベル
自己組織化
第四レベル
学習の仕組み化
第三レベル
安定した実行力
第二レベル
見える化
第一レベル
自己管理（セルフマネジメント）

図4-1　組織アジャイルの成熟度を測る指針

正しい状況把握がなければ、次にやるべきことはずれる。的外れになる。そうした状態で、認識しているからとにかくやりますと進めたところで結果は出ない。

逆に、チームとしての見える化ができていれば、いま何をするべきかという見立てとそれにもとづく優先度づけが正されていく。そして、やるべきことが露わになっているからこそ、その実現可能性もまともに講じることができる。やりきるためには何が必要か、やりきれないならば仕事を分けるのか、ゴールを変えるのか、などの調整を加えられる。

第三レベルは**「安定した実行力」**を獲得できている状態である。チームとしてやるべきことがわかる状態が作れている。その次に目指すのは、もちろんやるべきことを成し遂げることだ。この段階を甘く見てはいけない。スプリントゴールやバックログとして構想したことをやりきれるかどうかだ。

チームでの活動では想定外がつきものである。そもそも事前にわかっても対処のしようがないような想定外は許容すればよい。ただし、想定内のはずだったことで思うようにいかなかったことについては確実にふりかえっておきたい。なぜ想定どおりではなかったのか。その要因は準備不足なのか、チーム内の認識齟齬によるものなのか、それとも仕事の難易度が思ったよりも高く能力不足だったのか。

こうした要因を捉えて次の手を打たなければ一向に実行の安定性が得られない。実行が不安定なチームは、今以上に複雑で高度なテーマを扱うことはできない。先に進められなくなるのだ。間違っても、最初のスプリントだったからしかたないとか、初めて取り組む仕事だったからしかたないなどと片付けてはならない。要因の突き止めをうやむやにしているかぎりチームの成長はない。チームが自分たちで思うように動き、期待する結果を出せる、こういった状態をコンスタントに保てるかどうかが組織アジャイルの最初の山場になる。

さて、安定した実行力を宿したチームが次に向かうのはどこか。第四レベルは**「学習の仕組み化」**である。第四レベルの状態を「守破離」（武道や芸事などでの修業における段階を示したもの）の概念に照らし合わせて理解しよう。まず先ほどの第三レベルが組織アジャイルの守破離で言えば「守」に該当する（その前の段階は前提ということだ）。ある型があり、それを確実に実行できること。重ね合わせ、ふりかえり、むきなおりといった組織アジャイルの習慣を呼吸するように取り組めることだ。

ただし、これらはあくまで基本の型である。基本の型のみでチームが成果をあげつづけられるわけではない。特に、本書のテーマは既存の事業やこれまで繰り返してきた業務のみが対象なのではない。むしろ、新たな施策や事業に乗り出すにあたって必要な探索活動を想定している。そうした領域では、プロセスや取り組みようについて必要な手立てを自分たちで作ることが求められる。

そこで、守破離で言えば「破」が要るようになる。基本の型に不必要に囚われることなく自分たちの行為からどうあるべきかを学ぶ。あるいは望ましい方法についての仮説を立てて試してみる。こうした観点からも、型を安定的に実行、やりきれる状態が前提となる。

さて、最後のレベルは、型自体を自ら作り出す守破離の「離」へと至る。到達する段階は**「自己組織化」**である。学習自体が仕組み化されているということは自己組織化が近い。最後に求められるのは、チームのダイナミズムである。学習によって自らに行為の改善と強化のフィードバックを与え続けるということは、ともすると局所的な最適化に突き進みかねないということだ。これでは新たな「最適化による思考停止」を招きかねない。チームにダイナミズム性があるということは、自らを省みてある意味で**「壊す力」**を持っているということだ。予定調和をひた走るのではなく、立ち止まり、問い直す。その結果、これまでの方向性やあり方を変えなければならないと気づけたならば、その選択をとるということだ。

常にできることを増やすことが強い組織ではない。取り巻く状況に適さなくなるのであれば、ときに自らを破壊する判断、選択がとれること（セルフディスラプト）。自己否定にもつながりかねない、最も難しい性質と言えるだろう。これができるのは、まずもって集団として互いの信頼関係があること。そして、「自分たちが何者なのか」という自己再定義を取り入れられているかだ。

ところで、この「組織アジャイルの成熟度」に5つの段階があるからといって、一つひとつを順次上り詰めては次の段階に進むのだろうと捉えてはいけない。そのスタンスでは最初のセルフマネジメントから先へ一向に進めなくなる恐れがある。完璧に仕上げてから先へ行くのではなく、ある程度の慣れや見通しがつくようになれば次の段階へ向かうというスタンスをとりたい。

むしろ、次の段階に取り組むことでその前提となる前段階の重要性がわかるところがある。たとえば見える化が成り立つには、一人ひとりの自己管理ができていることが望ましい。さもなくば仕事を割り振ったところで任せることができず、いくら仕事の見える化をしたところでその意義は弱まる。

また、安定した実行力が成り立つには、その前提としてやるべきことの可視化ができている必要がある。ただし探索的な仕事であれば少なくとも1、2週間という範囲での可視化ができていれば十分だろう。逆に半年、一年の仕事を見えるようにしたところで探索活動においてはあまり意味がない（実行結果から適応し、やること自体が変わるからだ）。1、2週間の範囲での可視化を踏まえて、その分のやりきり力を高めるほうが意義がある。

こうして5つのレベルはなだらかに重なりながら進むことになる。自己組織化に到達できたとしても一人ひとりの自己管理は問われ続けることになる。

組織の中で「壁」に突き当たる

こうした組織アジャイルに向けた取り組みを、一つのチームや小さな部署でまず試すことから始めることになる。「安定した実行力」を得るレベルへの到達は十分に可能なはずだ。その先の「学習の仕組み化」以降は守破離の破と離にあたるため相応の時間がかかる。その一方で、組織アジャイルのレベルを少しずつ上げていく過程自体にチームは手応えを感じていくだろう。こうしたチームの動き方に自信を深めていくはずだ。

私はこれまでいくつものチームがアジャイルに踏み出すさまを見てきた。前進するチームは一様にアジャイルの教えを自分たちのものにして、躍動感を得る。自ら考え、自ら動くチームになっていく。やがて、この仕事の進め方を組織の中に広げていきたいと声をあげるようになる。組織アジャイルを進展させるには、こうした意志と経験が何より不可欠だ。組織がアジャイルとなっていく試みへの期待も順調に高まる。

ところが、一つ、二つのチームや部署がアジャイルに適応し始めたあたりで、ひとつの壁に突き当たることになる。

ふりかえりとむきなおりを繰り返していくことで、チームはその活動の範囲を広げる方向へと向かうはずだ。提供するソリューションの幅を増やす、対象とする顧客を広げる、あるいは顧客の新たな課題を捉えにいこうとする。さまざまな切り口で、活動範囲が広がる可能性がある。探索的な活動は、いにしえより最適化されている組織のサイロを越え始める。新たなソリューションの提供のために別のチームの協力が必要になる、顧客課題を捉えるために営業部門との連動が必要となる、といった具合にだ。何しろこれまでは選択肢を広げないというメンタリティで最適化されてきたのだから、少しでも違うことを始めようとすると、たちまち自チーム、自部門だけでは情報不足、手段不足になる。他の組織との協働がおのずと必要になる（図４－２）。

ここで、**再び最適化に特化してきた組織にかけられた「呪い」とぶつかることになる。** 自分たち自身の呪縛が解けていても、相手の組織やチームは当然ながら依然としてこれまでのままなのだ。ＤＸでよくある光景をいくつか挙げよう。

新しいソリューションの検討のために、既存の顧客に検証目的でアプローチを行いたいとする。このための協力を事業部門や営業部門へ求めるが、顧客に聞く前に自組織内でにべもなく断られてしまうということが珍しくない。なぜなら、既存部門からすれば、顧客への「提案」はあっても、顧客への「検証」依頼などイレギュラーでしかないからだ。顧客に手ぶらでご協力願うなどもってのほか。なまじ仮説段階の新たなソリューションの解説などしようものなら顧客の期待をむやみに上げてしま

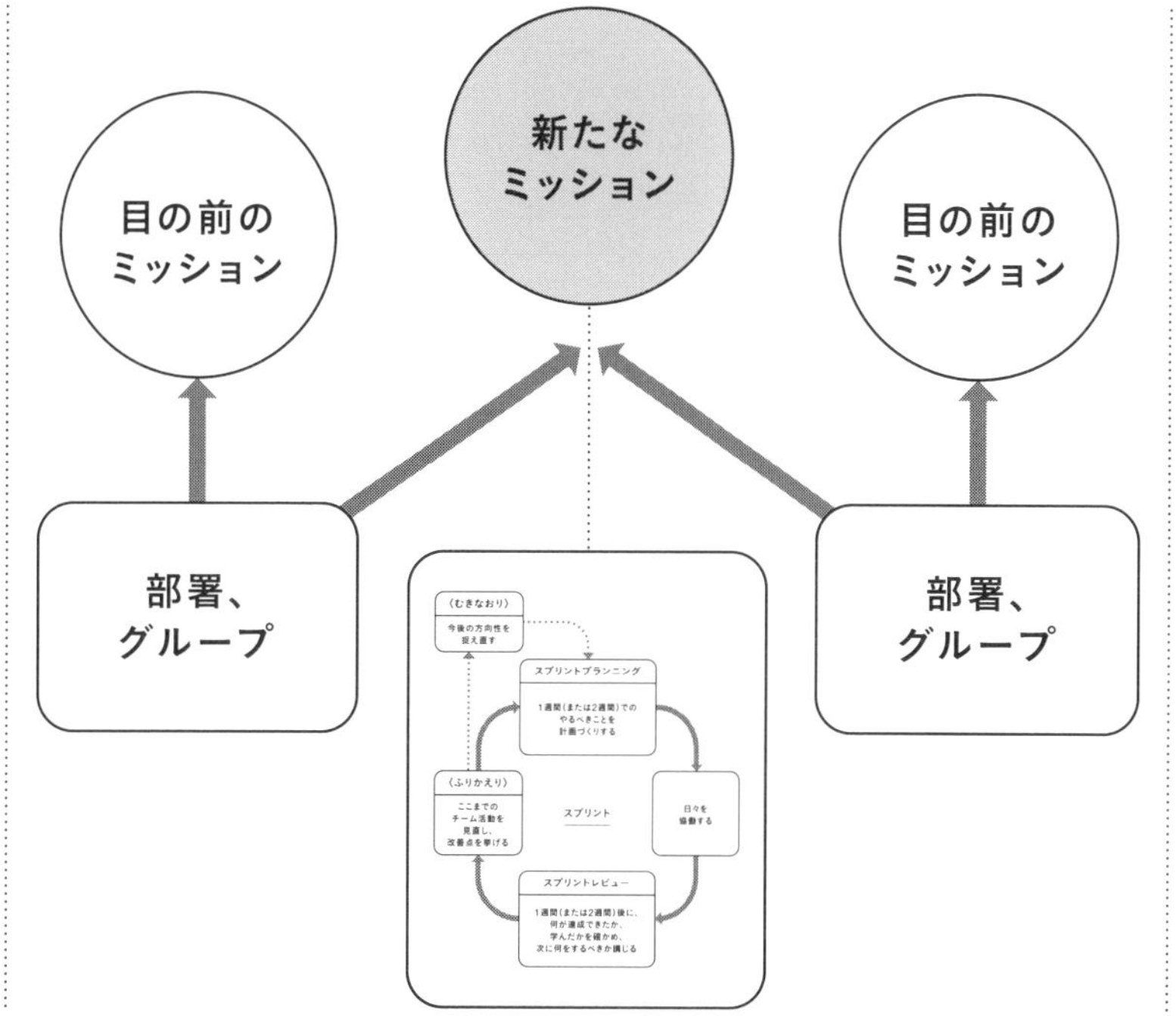

図4-2　サイロを超えたチームがぶつかる組織の壁

う。不用意に実現へのコミットメント（約束）になってしまう可能性がある。おそらく既存部門のこの手の相談に対する反応は鈍いものになるだろう。

あるいは、新たなツールをチームや部門で導入したいとする。情報システム部門にその打診を行うが、やはりにべもなく突き返されてしまう。対象ツールのセキュリティ評価シートを隅々まで埋めなければならないと言う。対象ツールが要件を満たしているかどうかなので、その回答はツールベンダーに求める必要がある。ここまで、情シスとしては当然の職務を果たしているまでだ。組織の規程に則って動いている。しかし「基本的にクラウドサービスの利用を許可しない」という前提を置いている組織も多く、許可を通すのは事実上不可能になっている場合がある。利用用途や扱う情報、利用者の範囲などによって、可否判断にレベル感があれば救いもあるが、最適化された組織の規程にそうした柔軟性があるはずもない。かくして鉄壁の規程を相手にして、相当な時間と労力を費やす勝負が始まることになる。たいていの場合本来の仕事のほうが十分に忙しく、鉄壁に風穴を開ける活動のほうを諦めることになっていく。

ソフトウェア開発の文脈で言えば、新しいプロダクト作りをアジャイルに進めていきたい新規のチームと、工場のラインのように一切の手戻りを許さない従来型の開発を標準として掲げるやはり情シス部門とのあいだでの不協和もよくある例だ。従来型の開発標準は最適化のもとで作られている。当然、適宜選択を変えながらという試行錯誤的な進め方など言語道断の扱いとなる。明確に要件を定め、詳細な計画を立てて、その進捗を報告する資料まできっちりと求める。こうしたメンタリティは、顧客課題をプロトタイプなどで検証しながらその学びでもって作る内容を段階的に定めていくといった開発を受け入れることができない。

つまり、同じ開発であっても「目的」が異なるのだ。目的が異なるならその「評価基準」も異なる。アジャイルでは正解があらかじめ確定できない不確実な状況で「何を作るべきか」の学び、あるいは「作ることを止めたほうがよい」と判断できたことが評価の対象となりうる。一方、従来型の開発標準では、決められた要件範囲を期待する期限内で定める品質基準を満たしたうえで完成させることがすべてとなる。

こうした評価基準や目的がまったく異なる「アジャイル」と「従来型の開発」の両者が、ひとつの文脈の中で隣り合わせにならなければならないことがある。DXで取り組むプロジェクトでは必ずと言っていいほどこのシチュエーションを迎え、ぶつかっていく。どれだけ新規性の高いプロダクトを新たに作ると言っても、自組織の既存アセット（顧客データやリソース）を活用するために既存のシステムへの接続や連携が求められる局面が出てくる。そうしたときに、まったく異なるメンタリティ同士が協力して事に当たらなければならない。

こうしたメンタリティが異なる部門とどのように協働していくのかについての具体は次章で扱う。ただ、先に述べておくと、この問題を既存の最適化組織と新たな探索適応組織のあいだでの二項対立としているうちは状況を変えるのは難しい。既存部門が背負っている組織目標や制約（多くの場合、短期的収益の達成や既存標準の遵守）がある以上、アジャイルに合わせよという要請を突きつけるだけで事がまとまるはずがない。自分たちに探索適応を進めていく正義があるように、既存部門にも最適化を守り続ける正義がある。既存部門も組織アジャイルに適応していくという方向性を置くことにはなるが、場合によって長い過渡期が必要になる。その期間においてどのように協働を見出していくかを次章で示す。

だがその前に、まだ向き合うべき問題がある。組織アジャイルを広げるうえで直面する「衝突」は、部門同士の組織の横関係だけではない。それは縦のラインでも起こる。

4-2 ― 四面最適化、時利あらず

「最適化」の番人との衝突

組織アジャイルの進展に伴う「衝突」とは、部門間だけではなく、現場とマネージャー（管理職）のあいだでも起きる。マネージャーとはまさしく組織の管理を支える存在であり、最適化の番人と言える。こうした従来のマネジメントを堅持する役割とアジャイルは間違いなく直交する。配下のチームや部署からアジャイルに取り組むという表明が寄せられたとき、マネージャーは嫌悪もしくは恐怖に近い感情を覚えるだろう。一気に管理が難しくなり、成果もあがるのかどうかもわからないという不確実感に襲われる。マネージャーが拒絶を示すのも無理はない。こうしたスタンスの相手にアジャイルへの取り組みについて合意を得るのはほぼ不可能と言ってもいい。

ただし、昨今においては風向きも変わってきている。ＤＸという機運に乗って、アジャイルの必要性がこれまでに比べて格段に高まっている。もちろん、本質的にアジャイルの何がどう作用し、どの

ように適用するべきなのかといったことまで理解が得られているかは別だ。経営やマネージャーにとっては、「アジャイルがＤＸには必要らしい」くらいの認識かもしれない。それでも即座に拒絶が示される状況よりは極めてチャンスがある。アジャイルへの取り組みについて組織からの後押しを得られる可能性も高い。こうしたＤＸによる神風にも等しい奇跡を利用しない手はない。

それでもなお、経営やマネージャーがアジャイルへの理解が乏しく、協力が得られないということはある。組織アジャイルを取り組み始め、さらに部門を横断した探索活動へと踏み出していこうとすると、リソースの稼働問題へと直面する。最適化一辺倒から探索へと踏み出す過渡期においては、従来の業務に探索の仕事が新たに上乗せされるような状況になりやすい。人員とそのパワーに比べて、仕事のほうが溢れ始めるのだ。最初は探索という新たな仕事に意気揚々と士気を高めていた現場もいずれは疲弊し始める。こうした状況になると、リソース配分の見直しを行わなければならない。

ここで既存の部門目標を抱えるマネージャーからは反発を受ける。勝手にリソースの調整をするな、現場の疲弊を招くような活動はやめろ、と。マネージャーからすれば、現場サイドで始めている探索活動の詳細はもちろん狙いも効果もよくわからない。たとえば、顧客のインサイトを取り直そうと始めるインタビューや、その結果をまとめるカスタマージャーニーマップを作るとする。こうした活動から学びを得て顧客に適した施策を新たに打っていく。はたしてその活動が今年度の自部門の目標にどれだけの貢献をしてくれるのか。マネージャーからすれば効果が見えないことにただただ時間を費やしているだけにしか思えない。

マネージャー層との理解を育むための取り組みが、部門横断と同様に必要となる。この縦方向での協力をどのように得ていくかについても次章で示すが、結局のところ、縦でも横でも問題は共通する。組織の一部にアジャイルを宿したとしても、それを広げようとするとたちまちこれまで築き上げてきた「最適化」という高い壁にぶつかるのだ。

意図と方針と実行の分断が変化を阻む

縦にも横にも従来どおりの最適化のモメンタムが歴然と働いている。そうした「四面最適化」とでも言うべき状況のもとで組織アジャイルを行き渡らせるには、やはり組織内の「認識」を新たにしていく必要がある。いま組織が何のために何に取り組むべきかという共通理解のことだ。

組織内の「認識」を新たにするには、第2章で述べたように組織を構成する「意図」と「方針」と「実行」の一致を新たに作る必要がある。

組織の中に漂う「認識」とは、「意図」（理念や組織の方針）を元とし、その実現に必要な「方針」（組織や事業の戦略）によって色濃くなり、「実行」（現場活動）によって強化され、組織の「常識」となる。

ゆえに、組織アジャイルを広げるには「意図」においてその必要性を述べ、「方針」としていかなる動きが組織内に求められるかをマネージャーと共有し、現場での「実行」が可能となるように適切な支援（学習機会の提供や伴走支援）が必要となるのだ。

一つのチームや小さな部署単体での取り組みは、まさしくこのうちの「実行」にあたる。いわば組織としての意図や方針を置き去りにして行動が先行するかたちだ。こうした動きのほうがかえって事は進みやすい。意図や方針に影響を与える「実績」を作ることができるからだ。最適化メンタリティで固まっているところに、実績もない机上の構想だけを外から持ち込んでもまるで受け入れられない。一つのチームや部署で組織アジャイルに取り組み始めることは実に価値があることなのだ。続けていれば、必ず経営やマネージャーへ提言する機会も訪れる。

こうして、一つのチームや部署での組織アジャイルは組織を変える希望とすら言えるのだが、ここでさらに変化を阻む2つの問題がある。ひとつは、そもそも組織の中に「認識を新たにする」仕掛けや仕組みが存在しないことである。実は、「意図」と「方針」と「実行」をつなげる機構が組織の中にないのだ(図4－3)。

たとえば、中期経営計画に新たな方針が一行追加されて、現場にいるあなたはそれにいつ気づくだろうか。よしんばそれに気づいたとして、明日から現場活動の何かを変えようとするだろうか。毎年度期初ともなれば、部門として事業戦略を掲げているだろう。では、その事業戦略にもとづきあなたが取り組むプロジェクトでは何を変えるだろうか。あるいは、何か新たな施策をさっそく始めようと動き始めるだろうか。

もちろん、肝いりの「意図」や「方針」はその遂行が行われているかどうか確実にその進捗を追おうとする力が強力に働くだろう。それでも、何のためにやるかという意図と、どうやって取り組むかという方針と、実際の実行のあいだには、つながりがなかったり、欠けていたり、ちぐはぐになっているることが多い。組織の中で意図を発し、方針に落とし、実行へとつなげていこうと階層を渡っている

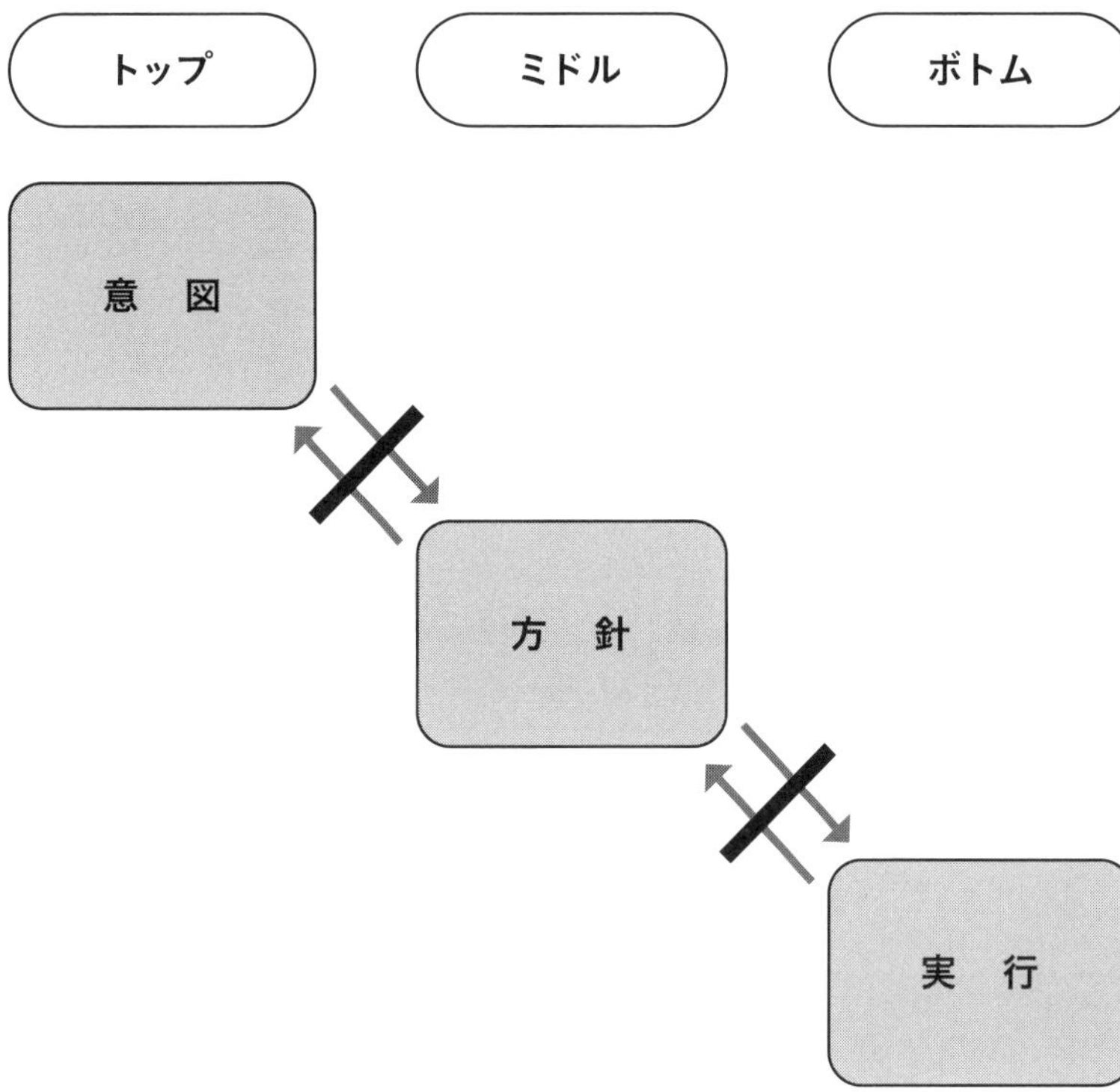

図4-3　「意図」「方針」「実行」をつなげる機構の欠如

あいだに、特に意図が抜け落ちていくのだ。そのまま進めても、どれだけ肝いりのテーマプロジェクトであってもうまくはいかない。

しっかりとした組織であれば、新たな意図や方針をKGIとKPIへの落とし込みを行い、KPIを履行することをきっちりと求める動きをとる。ところがこうした動きも局所的でしかなく、中途半端になることが多い。上流の戦略でKGIとKPIを綿密に立てたところで、肝心の現場でのKPIへの認識が浅く、実践活動との結びつきが弱い。結局途中に入るマネージャーの意識や力量、また現場側の受け止めようによって、いくらKPIを細かく定めたところでそれだけでは機能しない。もちろん最終的には帳尻を合わせなければならないから、KPI達成がどのようにできたかをこじつけることに労力を費やす。

変化を阻むことになるもうひとつの問題は、そもそも組織に「新たな意図を置く」意志が消え失せている状況である。これが、第2章でも述べた、意図という中心を失ったドーナツ組織である。ただし意図がまったく明言されていないわけではない。これまで最適化を支えてきた古き良き「意図」はある。むしろ、十年二十年とあるだろう。

それに対して、「新たな意図」を加える、もしくは「新たな意図」で組織の中心を塗り替えるという意志が働くことはないのだ。なぜか？　もちろん最適化のメンタリティのもとでは「新たな意図」を定義する必要性などないからだ。その結果、組織を取り巻く環境や社会の状況に適した「意図」を新たに置くというそもそもの能力が組織から失われている現状がありえる。そんな状況で、組織アジャイルの灯火がひとつふたつ生まれたところで、新たな「意図」や「方針」を加えるということができるはずもない。

組織図で「神の目」は手に入らない

変化を阻む問題のうち「意図」と「方針」と「実行」が分断されている組織構造に対しては、それらをつなぐ仕組みを作ることで乗り越えることになる。次章でこのための**「アジャイルの構造化（フラクタル・アジャイル）」**について説明を行う。もうひとつのドーナツ化した組織問題については、ここまで述べてきたように「DX」を利用する。組織の判断としてDXへの担当役員がつき、デジタル戦略を打ち出していくことになるだろう。DXとは、「新たな意図」とそれに適した「方針」を立てる活動に他ならない。もうお気づきだと思うが、ここで状況は変化を阻むひとつ目の問題（意図、方針、実行の分断）に至ることになる。

「意図」と「方針」と「実行」が組織としてつながっていないというのは、経営側からすれば理解しがたい問題だと言えよう。一定の経営層と取り巻く経営企画や戦略立案メンバー、しかるべき部門長が集まり、確かに意図を伝えているのだから。

ときに組織図を眺めていると不思議な感覚を得る。階層構造と各階層に立つ長の名前を見て、最初の階層長とコミュニケーションを取りさえすれば、組織にとって新規性の高い取り組みであってもそのまま先々まで伝播し進んでいくような錯覚を覚える。組織図上にある箱と線、その先にある人の存在を忘れることができてしまう。

経営も見ているのは直近の数十名の人間だとすると、はたしてその先の何百人、何千人と控える組織の隅から隅まで「意図」が一様に届くと信じられる根拠はどこにあるのか。その意図は途中でさらに方針に置き換えながら、階層ごとに人と人とで伝えているのだ。組織の規模が大きくなるほどに、この伝言リレーは極めて分が悪くなる。

だから、トップの声を全社員に一斉に、また定期的に届けようということになる。こうした動きはもちろんあったほうがよい。伝わる情報の量や、強弱など、又聞きでは減衰していくことも直接伝えることで捕捉することができる。

ただし、全員に話せばそれで済むかというとそんな簡単な話ではない。当然ながら、トップが説明する意図とは最上位の理念であり、ややもすると抽象的になる。意図もまた、その解像度を上げていき、方針へと落とし込まなければ実行可能な状態とはならない。良い話だと思うけども、どうやって日々の仕事につながればよいかわからない、そんな声が囁かれるようになる。これをただ放置しているだけだと、トップの発信は単なるセレモニーとなる。

結局、**私たちは人と人とのあいだで仕事をしている**のだ。組織図の線と箱で仕事が進むわけではない。組織図を眺めるだけでどこまでも俯瞰できる「神の目」が手に入る錯覚をしてはいけない。意図や方針も適切に解像度を調整しながら、人と人とのつながりのなかで渡していく必要がある。では、こうした意図や方針をドキュメントで伝えるすべはどうだろうか？

残念ながら、プレゼンテーション資料だろうとワード文書であろうと、ドキュメントのような固定的な情報のかたまりでは伝えきることはできない。なぜなら、**意図も方針も行動もすべて、取り組みのなかで動き、変わっていく**からである。そうした動的な状態をドキュメントでフォローしようとしても、資料が厚くなる一方で、読み取り困難で混乱と苛立ちを招くだけだ。そもそも動的なものを固定的に扱おうとする考えはいまだ最適化メンタリティに囚われていると言えるだろう。

ゆえに、動的な動きを捉えるために仕組みも動的にならざるをえない。この**人と人とのあいだをつなぐ、ひいては組織の構造と構造の間をつなぎ、必要な情報の流れを作る仕組みを、「アジャイルの構造化」によって実現する。**これが、組織アジャイルが迎える最大の山場である。

その挑戦に踏み出す前に、もうひとつ踏まえておかなければならないことがある。それは、組織内をつなぐために必要となる**「関心」**についてである。組織内で互いが「関心」を持ち、そこに重ねられるところがなければ、いくら仕組みを作ったとしても人のつながりは生まれない。

4-3

〝血があつい鉄道ならば走りぬけてゆく汽車はいつか心臓を通るだろう〟

（寺山修司「ロング・グッドバイ」より）

なぜ、われわれは「関心」を失ったのか

あなたは同じ組織の中で、どんなことに関心を持っているかを把握している相手が何人いるだろうか。思いのほか挙げられないのではないか。部門を越えるとなるとさらに減るかもしれないし、そもそもチームや小さな部署内であっても挙げるのに苦労するかもしれない。しかし、周囲のことがわかっていない、あるいは他者に関心を持っていないのではないかと自分を執拗に責める必要はない。これまでの組織の構造が無関心を助長してきたところがあるのだから。

「効率への最適化」に振り切ったとき、何が起きるか。そもそも人と人が互いを気にし合うことなく仕事を始め、終えられることが理想となる。お互いに気を払ったり、関心を寄せ合うこと自体が無駄なコミュニケーションであり、効率を落とす要因になりうる。互いが疎の関係で絡み合う必要がないよう目標自体を分断する。そうすれば、それぞれが自分の目標に焦点を当てるだけでよくなる。ほ

かに脇目を振る必要がなくなる。

こうした意味で、「サイロ」とは最適化に最適化した組織にとって理想の組織構造とも言えるのだ。サイロを成り立たせるように、役割をきっちりと定義し、職掌を明確に区分し、互いに干渉しないようにする。標準やルール、ポリシーにて分断を強固にしておけばなお盤石となる。目の前の仕事をやり遂げるために必要な情報さえが手元にあればよい。それ以外は知らなくてよいことだ。環境は人の思考や行動に方向性や傾向を与えるところがある。望むと望まざるとにかかわらず、サイロが他への関心を失わせるように機能してきたのだ。あなたが人一倍無関心な人間だったとは言えない。

あなたがいる「チーム」の中に、関心はあるだろうか。もし、互いに関心と呼べる関係性がないとしたら、それはチームではなくグループだ。チームとグループを見分ける手段は、文脈があるかどうかだ。グループには文脈がない。なぜなら、それぞれが個々別々で成り立っているからだ。互いに合わせなければならない背景も、認識も、目的もない。あなたの組織が重ね合わせに失敗する理由はここにある。だから、ふりかえりの方に切り替える必要があったわけだ。文脈がないところに「関心」を呼び込むためには、共通の課題を据えなければならない。互いに気にするべき課題すらないとしたら、それはもはや組織として成り立っていない。

あなたがいる場所から「横方向」を眺めたとする。もし、他の部門について何ひとつ知らないとしたら、それぞれの組織が塹壕の中にいるようなものだ。それぞれの持ち場を持ち、目の前の仕事のみが見えていて、それがすべてとなっている世界だ。塹壕化した組織には学びがない、その必要がない。不用意にほかの塹壕に踏み込んだら、たちまちによそ者扱いを受け追い出されることになる。なんて酷い部門？　いやいや逆も然りですよ。あなたの部門に他からの輩がのこのことやってきたのはいつのことだったか覚えているだろうか。

あなたがいる場所から今度は「縦方向」を見上げたとする。もし、その方向に対して「マネージャーや経営者の考えていることがわからない」と週に一回つぶやいているとしたら、あなたの塹壕は前線に取り残されていることになる。何のために前線で日々を費やしているのかわからない。組織としての意図も方針も見えず、ただひたすらにわかっていることをやっている。そんな日々にこの先どんな希望があると言えよう。

しかし、よく耳をすましてほしい。えてして縦のラインの上から聞こえてくるのも「現場が何やっているかわからん」という、けしからんの声ではないか。お互いに相手を見失っているのだ。

組織アジャイルは、組織の中に互いの「関心」を取り戻す活動とも言える。探索とは、これまでないと見なしてきた思考と行動の範囲を踏み越えて、選択肢を探し求める運動だ。おのずとこれまで置いてきたサイロの境界を越えていくことになる。越えた先にいる人々と接点を持ち、対話し、さらにある共通の目的を見出し、協働していくことにもなる。「関心」がなければ私たちは道を外れることもできないし、外れた先の人々と会話にもならない。

互いの「関心」をつなげる

関心とは何だろう？　ＫＰＩのことだろうか。関心をＫＰＩで置き換えて、それだけで捉えようとすると、組織の分断を強める可能性があるので注意が必要だ。目標達成のためにはＫＰＩ同士の依存性を下げたい。組織ごとにＫＰＩを分担して担うとすると、組織間での依存も減らすように働く。サイロの話と同じことだ。

ＫＰＩではないとしたら、関心とはＯＫＲで捉えるもののことだろうか。上位組織でObjectives（目標）とKey Results（成果指標）を置く。上位組織のＫＲを下位組織のＯへと読み変える。ここで上位で定量条件として定義したＫＲを、下位のＯとして「意欲が持てる目標」に仕立てるためには設計力が求められる。ＯＫＲの連鎖で組織の関心をつなごうとするのはそれなりに難易度が高い。継続的な対話で補完していく必要がある。

では、関心とは何か？　関心とは、皆がそれぞれが持っている、それぞれにとっての優先ごとである。それはタスクから生まれるし、プロジェクトの目標からも生まれる。使う道具や技術によっても生まれるし、個人的な嗜好にももとづく。関心はそもそもてんでばらばらなのだ。そんなものが放っておいて自然と勝手に合っていくはずがない。何かで寄せることをしなければ、互いの関心は永遠の別れのままだ。

「関心の重なり」を見つけたり、意図的に作り出そうとしなければ、つながることはない。ゆえに、

それぞれの仕事の前提に「共通の意図」を置かなければならないのだ。そう、**関心は「意図」によって近接しうる。**組織として「実現したいこと」のイメージを重ね合わせられれば、関心のつながりが期待できる。どこまでいっても関心とは個人に立脚するものだから、関心が完全に一致するところまでいくのはまれだ。そういう意味で、人から関心を奪ったり、逆に強制するべきものではない。ただし、前提に置く意図が合うならば、互いの関心と関心のあいだに接点を見出すことはできる。

たとえば、組織で新たに捉える意図が「デジタルサービスを生み出せる組織へと変わる」というものだったとする。経営の関心はデジタルサービス創出企業となることで、社会からの期待に答えられるようになり、ゴーイング・コンサーン（継続企業の前提）を維持することかもしれない。一方、現場はデジタルサービスを生み出すために必要な特定の技術に狙いを定めその獲得に心血を注いでいくことが関心かもしれない。いずれの関心も粒度が異なるが、同じ意図を踏まえることで接点を見出すことはできる。

関心は当事者に依る。それゆえに、それぞれの関心のつながり、連鎖を組織の中で期待するには適切な粒度調整が必要となる。経営と現場で同じ粒度の関心で語り合うことができれば圧倒的に話が早くなる。だが、大きな組織になるほどそう簡単にはいかない。それぞれの立ち位置で捉えられる解像度やサイズ感には制約がある（たとえば、経営が技術の詳細まで関心を高められない、現場が経営の計数管理まで関心を高められない）。

それゆえに、関心の背景にある「意図」について組織のそれぞれの立ち位置からの〈むきなおり〉を行う必要がある。組織が探索適応組織を目指すにあたって、新たに見出すであろう「意図」に向け、それぞれが接続しようとする向きが要るのだ。こうした組織の中の人々が総出で行うむきなおりのことを、**〈むきあわせ〉**と呼びたい（図4－4）。

そのためには、意図自体も受け止めて、理解できるように噛み砕きが必要となる場合がある。「デジタルサービスで社会の期待に応えていく」とだけの意図を聞かされても、現場は具体的にどう捉えればよいか戸惑いかねない。現場は「新たな顧客に必要とされるデジタルサービスの新規事業を生み出していく」と捉えられれば、日々の行動にも落とし込める。

という理解をすると、「共通の意図」が組織にとってどれほど重要かということになる。ただ、極論を言えば「意図」自体は何だっていいとも言える。**組織の多くの人々があるタイムボックスにもとづきむきなおりをすることができるならば、「意図」の是非を問うのはあとでもよい。**〈むきなおり〉（あるべき方向へ自分たち自身を正す）という習慣を得られていることが何よりも得難い。たとえ「意図」が多少いまひとつのものだったとしても、むきなおり続ければよいのだから。

「関心」とは組織を巡る「血液」となる

しかし、どれだけ意図が共通にあったとしても、他者に持つ関心は弱く脆いものだ。時とともに関心は薄れ、減衰していくことになる。関心を維持できないのだ。私たちが抱える仕事はあまりにも多く、一人でいくつものプロジェクトを受け持つということもある。根本的な人手不足を背景としつつ、

組織で新たな意図に〈むきあわせ〉

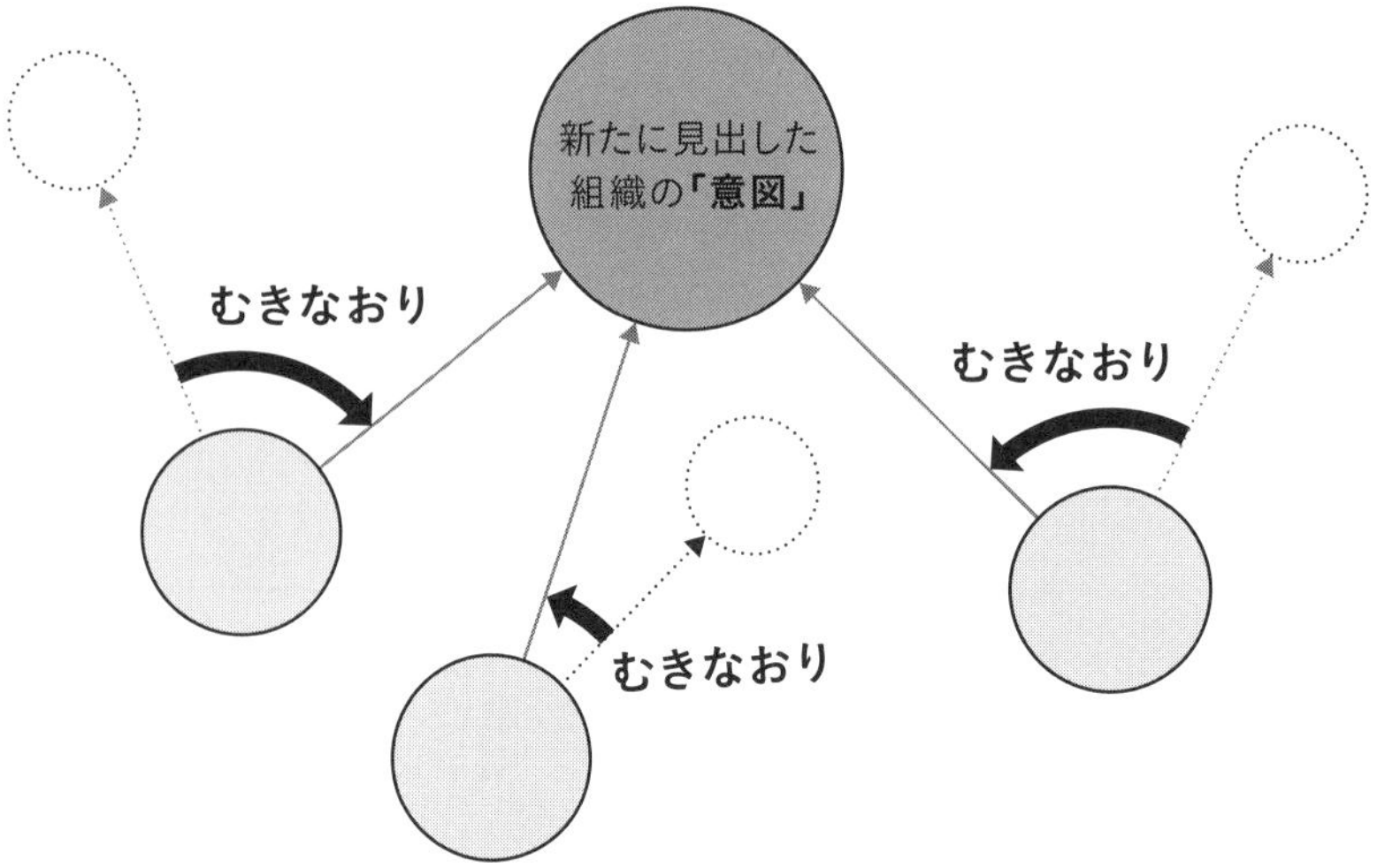

図4-4　〈むきあわせ〉

専門性を問い出すとさらに不足に拍車がかかることになる。兼務がない人間はいない、といった状況も珍しいことではない有様だ。

だから、組織の中で私たちは意図的につながりを張り直していかなければならない。一度ミッションを言語化し、方針を決めて、それぞれのチームや部門が走り出せば、それで放っておいてもお互いの関心を寄せ合い、境を越えてともに動いていけるということはない。人と人とのつながりとは、そんな静的で固定的なものではない。それぞれが目先を仕事の多忙さに奪われているという影響もさることながら、そもそも私たち自身が「変わる存在」であるということもある。私たちは置かれている状況から学びを得て、自ら思考を更新し、とるべき行動を判断していくという適応する存在なのだ。

私たちは、何はなくとも定期的にお互いの状況を同期し、ともに目指す方向性を確かめることをしなければ、「ともに在る」という状態を作ることができない。つまり、動くことで互いの関係性を維持できるということだ。それはさながら律動的に鼓動する**「心臓」**のようである。心臓がパルスを打たなければ組織という人体はその存在を保つことができず、機能性を失っていく。

組織アジャイルとは、組織がつながり続けるよう、組織に関心という名の**「血」**を通わせる仕組みにほかならない。心臓の鼓動のように**「リズム」**を刻み続ける動的な仕組みが必要となる。重ね合わせ、ふりかえり、むきなおりという3つの周回は、まさにそのリズムを担うものだ。それだけではない。個別最適化しやすい組織の構造、サイロや塹壕などを突破するには意図的なつなぎ合わせが必要となる。1ON1も、OKRも、ハンガーフライトも、切り口は異なるがどれもこれも、組織の構造を越えるためのきっかけ作りのパターンなのだ。人体に血管が張り巡らされているように、組織の鼓動をバイパスしていこう。

芯のないドーナツのような組織とは、心臓を失ってしまった人体のようなものだ。それではいつまで経っても組織に血（関心）が通うことはない。組織に赤い熱意を送り出す原動力はどこにあるのか。それは組織の一人ひとりに宿る。芯がないならば、組織の一人ひとりが鼓動を作り出さなければ組織は蘇らない。そう、組織の心臓とは自分たち一人ひとりが担うことなのだ。それぞれが、互いに関心を持てるよう、通わせるよう、組織アジャイルのリズムを刻むことで、組織に血を送りこむことができる。自分たち自身で組織に血を送り続けるならば、やがてそれは組織の心臓をも通るだろう。

さあ、組織アジャイルを一つのチームや部署にのみ依ることなく組織の中へと広げていくとしよう。

組織の芯を捉え直す問い

- 「不条理（なぜそうするのかのなぜがない）」、「非効率（昔ながらの方法ではもはや適していない）」、「機械的（定められた指示以外の判断や動きは不要とされる）」が組織の中に蔓延っていないか？

そうした思考停止は何によってもたらされるものか。

●チームや部署、会社の組織アジャイルの成熟度合いはどの程度になっているか?（自己管理、見える化、安定した実行力、学習の仕組み化、自己組織化）

なぜ、現状の段階にとどまっているのか。次の成熟を目指すには何が必要か。

●他部門や他チームとのあいだで、「これまでの思考と行動」と「アジャイルな価値観と振る舞い」の二項対立を作り出してしまっていないか?

そうした対立はなぜ起きるのか。どのようにして乗り越えていくか。

●マネージャーや経営人材とのあいだで、アジャイルに関する理解や期待の点で認識齟齬が起きていないか?

どのようにすれば理解を整え、適切な期待を設定することができるか。

●組織図上の箱と線をつなげて、目の前の相手とコミュニケーションがとれていれば、意思疎通が出来ていると考えてしまっていないか?

その先にいる人たちに働いている「意図」や「方針」、「実行」をどれだけ知っているか。

第5章

組織を芯からアジャイルにする

組織の中にアジャイルを広げていくためには、アジャイルの渦をつないでいかなければならない。分断を乗り越えた組織は、全体としてひとつの有機的な存在になる。

5-1　組織の中でアジャイルを延ばす

組織アジャイルを組織の中で広げていくためには、最適化がもたらしていた「分断」を乗り越えていく必要がある。組織の中の縦方向と横方向のうち、まずは他のチームや部門にどう延ばしていくかを捉えよう。

働きかけは2つの局面がある。ひとつは実地ベースで、具体的なプロジェクトやあるテーマにおいて始める協働だ。主従で言うと、あくまである仕事で成果をあげることが主で、組織アジャイルを伝播させるのは従となる。もうひとつは組織ベースで、組織アジャイルを広げること自体を主とする活動のことだ。

実地ベースで組織アジャイルを広げる

実地ベースでは、プロジェクトなどある仕事の目的達成のもとでの「協働の促し」となる。仕事を進めるために他チーム、他部門を巻き込む必要があり、より切実である。より直接的な働きかけにおいて留意しておきたいことを原則的にまとめておく（**組織アジャイル適用7つの原則**［図5－1］）。

1. 小さな勝利を手にする
2. 相手の時間軸に合わせる
3. その場にいる人たちで始める
4. アジャイルから始めない、仮説検証から始める
5. 傾きをゼロにしない
6. 勝てるところまで戻る
7. アジャイルを連鎖させる

図5-1　組織アジャイル適用7つの原則

最初は**「小さな勝利を手にする」**だ。組織アジャイルに他者を巻き込むにあたって最初に寄せられる声は決まっている。ソフトウェア開発の世界ですでに20年以上前より続けてきた押し問答だ。

「実績はあるのか」

「実績はないが必要なことである」

「初めて取り組むのに成果は出せるのか」

「きっと出せるはずである」

「もし失敗したらどうするのか」

「むしろ失敗から学びを得るための方法である」

「そんなことで間に合うのか」

得体の知れないアイデアに乗るためには、相応の確証がなければならない。「まず実績を示せ」というのは、最適化に最適化している部門の言い分としてはもっともだ。だが、そう言われて自信を持って受け答えするのは難しいだろう。巻き込む側にとっても、他部門と取り組むのは初めてのことなのだから。

アジャイルの取り組みは参画者の協力が不可欠だ。どちらか一方が背負い込むかたちはどこかで歪みが伴う（結果を出すために必要以上に巻き込み側が苦労を背負うなど）。できるだけフラットな関係で臨んでもらわなければならない。

そのための「小さな勝利を手にする」なのだ。より正確に言うと、「小さな勝利を手にしておく」だ。あらかじめ、小さくとも「結果」を得ておくのだ。自チーム、自部門での取り組みを行っていること、それを伝えるためには「始めていた」という状態を作っておかなければならない。始めて、その結果を得ておくには、「小さく始める」が前提になる。

「小さく始める」というフレーズは価値あるものとして頻繁に扱われる。小さく始めたら失敗しても小さくて済む、小さく始めるなら合意形成も行いやすい、といった具合だ。いずれもあてはまることだが、ここでの本質は**「小さく始めるから、早く結果が得られる」**ということだ。早く結果が得られると、早く次に活かすことができる。

組織にアジャイルを広げるために、まずは自分の手元で1年じっくり取り組んで、というのでは時間がかかりすぎる。1年かけても、大手を振れるほどの実績になるともかぎらない。むしろ、初めての取り組みだけに成果と言えるのか微妙な具合になることが多いだろう。ならば3ヶ月でも試行してその成否にかかわらず結果を自分たち自身の経験（実績）として、次の行動に出るほうが展開が早い。

次の原則は**「相手の時間軸に合わせる」**だ。アジャイルに取り組むにあたって、どんな進め方をするか。他チーム、他部門を巻き込むにあたって、あなたは丁寧に丁寧にプランニングを行うだろう。だが、知っておかなければならない。こちらの思い入れたっぷりで作り上げた計画がそのまま進むことはまずない。なぜなら**新たな方法に取り組む際の速度は、それを実行させる側ではなく、実行する側で決まる**からだ。あなたが決めたプランニングでするすると実行できるようであれば、とっくに他の部門でもアジャイルは始まっている。

実践する前も、実践中にも、速度調整が必要か定期的に確認しよう。取り組み内容への理解が不十分でやらされ感が高まり、それが高じていくとどこかで急ブレーキがかかる。急停止は互いの関係性にも仕事の結果にも影響を及ぼす可能性が高い。ふりかえりの時間を利用するのでも構わない。速度の捉え方について合わせよう。

進行は相手の時間軸に依ることとなるが、同時に「全体を俯瞰する」視点は別に持っておきたい。ふりかえり、むきなおりを行うのは相手側とだけではない。働きかけを行うこちら側としても行い、全体にかけている時間からこの先の展望を描くようにしたい。たとえば3ヶ月、半年かけて得られた進みから、さらにあと半年、1年を投じたとしてどこまで辿り着くことができるのか。その展開は妥当なものか、見極めを行うことも必要だ。無闇に越境すればよいというわけではない。自分たちがそこに投じる時間、それに見合う成果が期待できるか、自分たち自身で判断することも自己組織化と言える。

3つ目の原則は**「その場にいる人たちで始める」**だ。歴史ある企業や大企業になるほど、さまざまなプレイヤーが組織には存在する。何かの取り組みを進めるにしても、マーケティング部門、IT部門、DX推進部門、既存のベンダーやコンサルタント等々。それぞれの立ち位置があるため、アジャイルに取り組むにあたって同床異夢となりやすい。

新たな方法を進めるにあたっては、当然ながらネガティブな反応も多い。わかりやすい反論もあれば、面従腹背のように表では良しとしながら裏では足を引っ張るほうに回っているというわかりにくい動きも存在する。それぞれの立ち位置が抱える既得権益から他意なくそうした動きをとられることもある。これらの動きを「敵」としてみなしてしまうと、取り組みは一気に難しくなる。

組織負債を返していくのに、手近なところで躓いている時間はない。敵となる前に、互いが重ね合わせられる領域を作ろう。具体的には、取り組みの「視座」を上げる。目の前のことではなく、もっと大きな大義名分に目を向ける。それがないなら作るところからだ。話を大きくすれば、みんなが乗れる芽も生まれてくる。**この組織の未来のために良かれとなることを否定する立ち位置はどこにも存在しない。**そこから始めよう（図5－2）。

4つ目の原則**「アジャイルから始めない、仮説検証から始める」**。アジャイルをまともに始めていくと、おそらく「ミーティングがやたら多い」「時間ばかりかかって成果が見えない」「ゴールがわからない、進捗が測れない」あたりが声として寄せられる。こうした声に真正面から答えるだけでは収まりが効かなくなるときがある。何を目指して取り組むのか、何に到達できればよいのかが見えないままだと、やっていることがこれで良いのかと不安になる。

アジャイルとはそういうものだ、ゴールを決めながら進めるのだ、というもっともらしい教えは通用しない。それが通用するようであれば、やはりとっくに日本中がアジャイルになっている。互いの取り組みのなかで共通と認識できる、合意できるゴールを見出すことから始めよう。

ただし、ゴールを設定するといっても、従来のようにWBSを洗い出したりロードマップを描こうとすればおのずと認識できるようになるわけではない。組織アジャイルを適用するプロジェクトや仕事は、これまで組織があまり取り組めていなかった領域のはずだ。新たなサービスの立ち上げ、顧客の状況調査やヒアリング、それにもとづく新たなマーケティング施策の検討、あるいはデジタル人材教育の制度設計など。あらかじめどうあるべきかが言えるような領域ではないものだろう。そうした探索が求められるテーマにおいてはゴールを決めること自体が難しい。

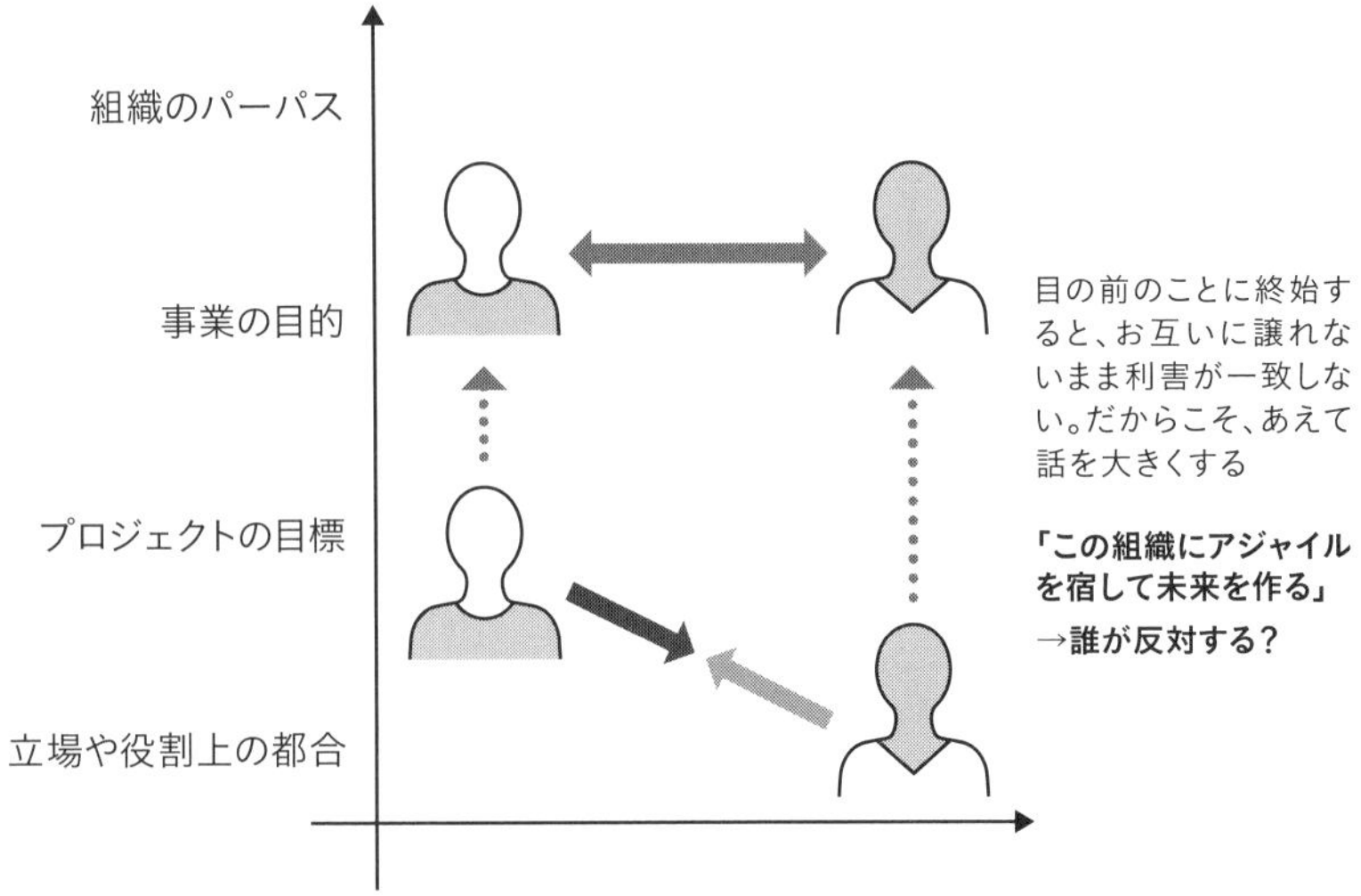

組織のパーパス
事業の目的
プロジェクトの目標
立場や役割上の都合
目の前のことに終始すると、お互いに譲れないまま利害が一致しない。だからこそ、あえて話を大きくする
「この組織にアジャイルを宿して未来を作る」
→誰が反対する？

図5-2　取り組みの視座を上げる

まず仮説を立てて、小さく試行、検証し、テーマ理解をある程度深められた結果、目指す先が決められるといった具合になる。ゆえに、まずは仮説検証から始めることとしたい。プロジェクトのゴール自体が定められるような状況でなければ、1~2ヶ月の期間をとって、どのような仮説が現状あって、どの程度事実を把握しているのかを棚卸しする。然るのちに実地の検証を行おう（たとえば想定顧客へのインタビューを行うなど）。自分たちが手持ちで持っている情報が足りないなら、チームの外に出て取りにいかなければならないということだ（仮説検証自体をどのように行うかの詳しい中身については、姉妹書の『正しいものを正しくつくる』をあたってもらいたい）。ここまでの原則が特に最初期に心に留めておくものだ。次の5つ目、6つ目は、取り組みの中盤においてその支えとなる原則である。

5つ目の原則は**「傾きをゼロにしない」**。組織アジャイルを広げていくのはまず間違いなく思うようにはいかない。何ひとつ思い通りにいかないと見ていいだろう。何しろ私たちは20~40年分の組織負債に挑むことになるのだから。「提言」がうまくいかなくても構わない。「取り組み」が教科書どおりにいかなくても構わない。致命的な「ダメだこれは」の烙印が押されるまで勝負は続けられる。だからこそ、自分たちの心の灯火が消えないようにしなければならない。灯火が残っているかぎり、次のチャンスも残る。

一度諦めてしまうと組織としての取り組みを終えることになりかねず、そうなると再チャレンジが難しくなる。「あれは一回やってダメだった」という認識は思いのほか組織内の共通のものになってしまう。不本意に新たな組織の認識負債を積み上げてしまう。そうなると、よほどの作戦と改めての合意形成が必要になってしまう。

逆に、諦める宣言をしないうちは、組織内での取り組みというのはしぶとく続けられる可能性がある。イメージとしては、気力の傾きをゼロにしないこと。傾きをゼロにしないとは、時間を先送るということだ。行動量、頻度をあえて下げてでも、時を待つ（図5－3）。

6つ目の原則は**「勝てるところまで戻る」**。ここまでの方針をもってしてなお、それでも負けるときは負ける。認識が合わない、期待がずれる、やり方が揃わない、結果の品質にムラが出る。組織を変えるのは難しい。組織変革に臨むあなたに心得のようなものを伝えるとしたら、間違いなく「まず、思うようにはならないと思うこと」を挙げる。

「勝てるところまで戻る」とは、思うようにいかない状況に陥った際に、「やったことがある」「今やっていることよりは難易度が下がる」といった段階まで取り組みを戻すことである。自分たちが自信を取り戻して取り組めるところ、勝ち筋が立つところにいったん退く。たとえばどうしても重ね合わせがうまく機能しないならば、ふりかえりを回していくことに焦点を当て直す。1～2週間のタイムボックスでは余裕がなくなりすぎるならば、思い切って1ヶ月といった期間で置き直す。

取り組みのハードルをいったん下げるようにする。結果が出れば、自分とチームの小さな自信も取り戻せる。そのうえでまた再びハードルを上げていく機会を狙っていけばよい（図5－4）。

最後の原則は**「アジャイルを連鎖させる」**である。この原則は、組織アジャイルの取り組みをさらに広げるためのものである。一つのチームや部署に対する組織アジャイルはここまでの6つの原則を粘り続けることで必ず到達できる、それは明らかだ（「傾きをゼロにしない」かぎり、いつか辿り着く）。次にやることは、その結果をつなぐことだ。

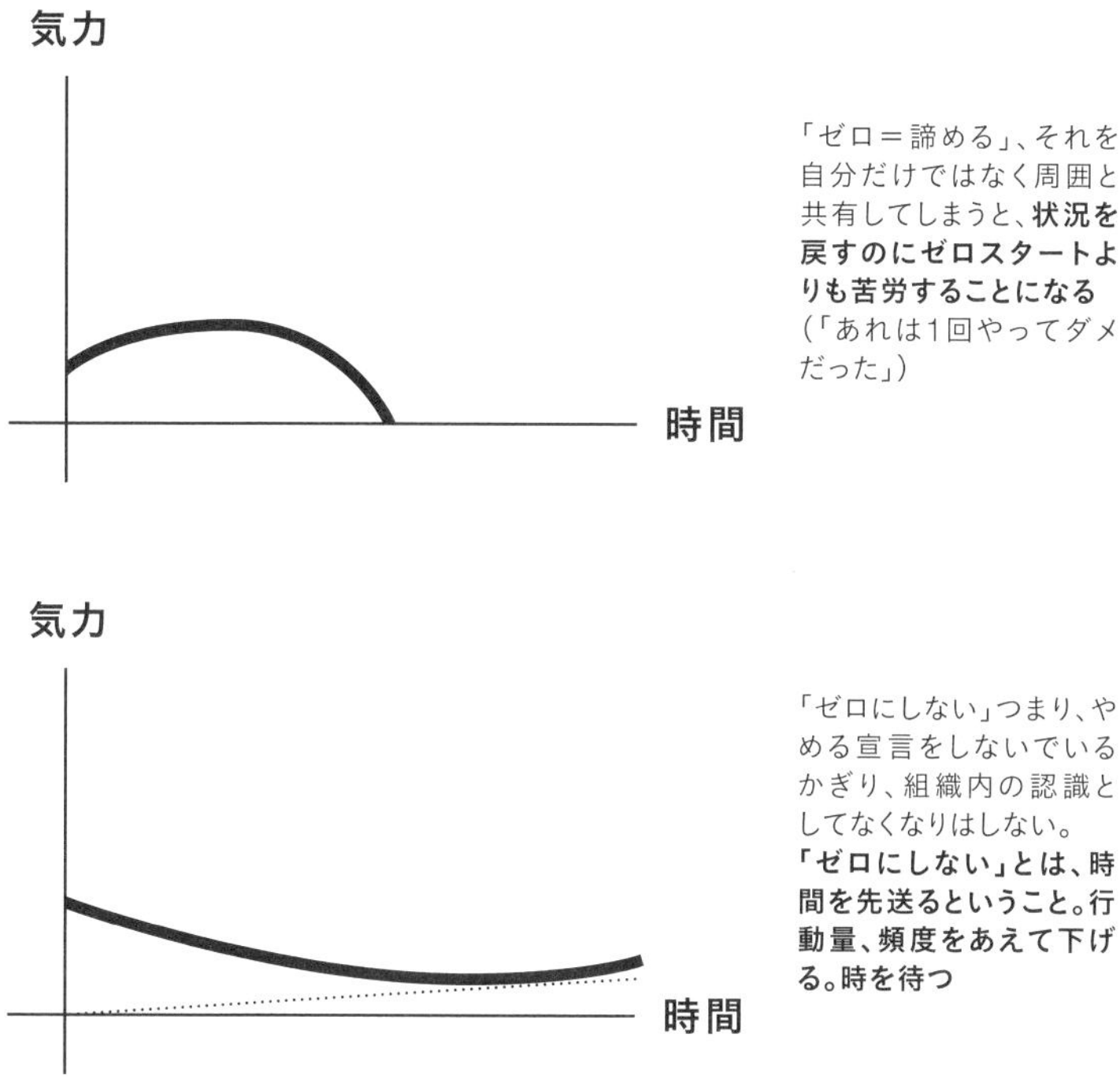
気力
時間
「ゼロ＝諦める」、それを自分だけではなく周囲と共有してしまうと、状況を戻すのにゼロスタートよりも苦労することになる（「あれは1回やってダメだった」）
気力
時間
「ゼロにしない」つまり、やめる宣言をしないでいるかぎり、組織内の認識としてなくなりはしない。
「ゼロにしない」とは、時間を先送るということ。行動量、頻度をあえて下げる。時を待つ

図5-3　傾きをゼロにしない

小さな結果が「再起動」を後押しする

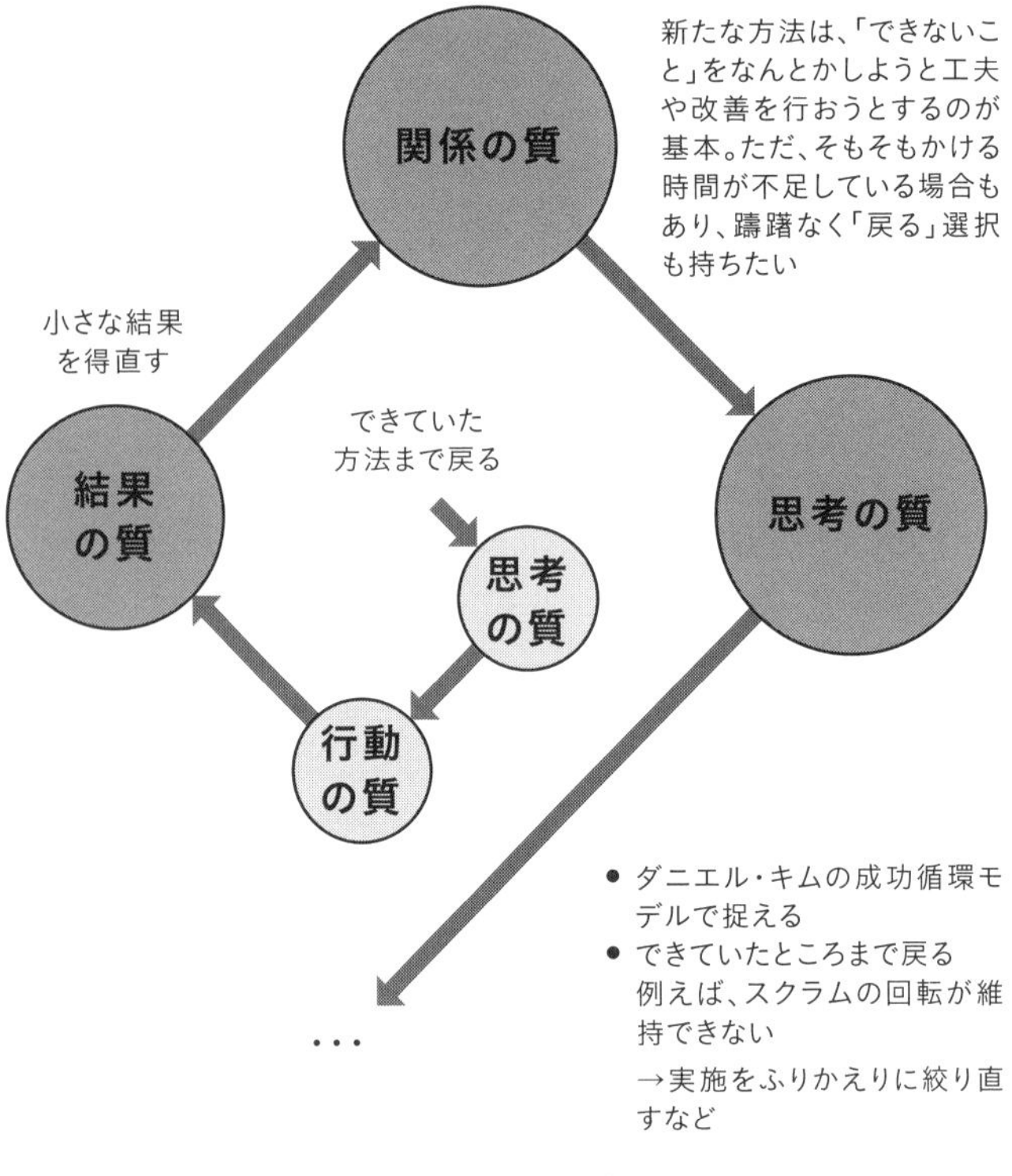
関係の質
新たな方法は、「できないこと」をなんとかしようと工夫や改善を行おうとするのが基本。ただ、そもそもかける時間が不足している場合もあり、躊躇なく「戻る」選択も持ちたい
小さな結果を得直す
できていた方法まで戻る
結果の質
思考の質
思考の質
行動の質
・・・
● ダニエル・キムの成功循環モデルで捉える
● できていたところまで戻る
例えば、スクラムの回転が維持できない
→実施をふりかえりに絞り直すなど

図5-4　勝てるところまで戻る

具体的には、アジャイルの経験者に別のチームやプロジェクトでリード役に立ってもらう。それまでより一段上の立ち位置を担ってもらうようにする。よちよち歩きで伴走が不可欠だったプロダクトオーナーには、次は自分なりに回してみることに挑戦してもらう。半人前のスクラムマスターにも、次は前面に立ってチームをファシリテートしてもらう。経験（者）こそ、組織にとって貴重で希少な資源だ。まずゼロの状態から脱し、わずかばかりでも得られた経験を組織の次のベースにする。

7つの原則を通じて言えることは、変革の突破口を作るためには**「状況を微分する」**（状況への働きかけをできるだけ短くすることで、早期に新たな知見を獲得する）ということが言える。小さな勝利から始める、勝てるところまで戻る、希少な経験を組織資源として扱う、いずれもゼロの状態から脱することを念頭に置いている。大きく、長く、変革の対象を捉えようとすると、難易度が飛躍的に高まる。小さく、短くても、最初の変化を作り出すことで、「次の局面」での前提を変えることができる。つまり、「次」の意思決定と行動を少しだけ変えられる。こうした微細な「前提の変化」を重ねていくことで、やがて組織の中での変曲点となる可能性を引き出せる。

ということを意図的に仕掛けていくためには、組織を俯瞰的に捉え、要員配置に働きかけを行う機能が必要となる。明らかに時間を要する取り組みとなるため、持続的な活動にするためには、横断的な組織が必要となる。それがいわゆる「Center of Excellence（CoE）」と呼ばれるものだ。CoEとは、組織の横断的関心事を引き受ける専門的な集まりのことだ。ここではアジャイルがテーマだから、さしずめ**「アジャイルCoE」**とでも言うべきチームあるいは部署となる。

こうした機能が明示的に組織に必要となるのは、要員配置に関して口を出すには相応の権限が前提となるためである。ゆえに、とある部の単位で取り組むならば、その傘下の課やグループに横断的に働きかけができる部直下の組織というイメージとなる。そこには部の長なり、要員配置についての提言が可能な役割を置く必要がある。

アジャイルCoEは組織でアジャイルを広げていくこと自体にコミットメントする活動体だ。これが組織アジャイルを伝播させるもうひとつのあり方だ。実地ベースでいくつか結果を出したのちに、アジャイルCoE設置の必要性を組織に提言していこう。ここでもDXの文脈を利用するとよいだろう。DXの進展のためには、探索適応のすべとした組織アジャイルが必要となる、そしてその取り組みの小さな結果も出ている(第一原則「小さな勝利を手にする」)、といった具合に説得力のある提言を行おう。

組織ベースで組織アジャイルを広げる

アジャイルCoEとは、いわば組織アジャイルの「スクラムマスター」の集まりと言える。スクラムマスターとは、チームがアジャイルに取り組むに際して、その活動が円滑に進むようコーチングやメンタリングを担う役割のことである。経験があるメンバーが務め、アジャイル実践にあたってのグル(導師)にあたる。組織アジャイルでは対象が単一のチームを越えて複数のチームや部門ということになる。CoEに組織アジャイルを経験したメンバーを集め、アジャイルの経験を連鎖させる側になってもらう。

もちろん、最初はCoEを担えるメンバーは限られるだろう。一人や二人から始めるということも実際にありえる。一人から二人、二人から四人……と増やしていくことになるだろう。正直に言って時間はかかる。多少なりとも時間を別の手段で補うとするならば、外部から経験者を招聘することだ。

ただし、ソフトウェア開発でのアジャイル経験者であれば必ずアジャイルCoEが務まるわけではないということに留意しておきたい。むしろ、教条的なアジャイルの教えを強いるスタンスをとってしまうと成果が遠のいてしまう。守破離の守から始める必要はあるのだが、それについていくのには相応の時間を要する。くれぐれも、組織の出発地点がどんな状態にあるかを捉え、取り組みの設計を段階的に行う必要がある。これまで取り組めてこなかった考えや行動に一挙に馴染めるわけではないのだ。

アジャイルCoEの活動は、持続的でかつ取り組み内容も多岐にわたる。ゆえに、CoEの活動自体をアジャイルに行うことが要となる。組織アジャイルを広げるためにやるべきことをバックログとしてあげて、タイムボックスを設けて、その取り組みと結果からの適応を行う。CoE自体の取り組みについてもふりかえり、むきなおりを行う。**組織にアジャイルを宿す活動自体が前例のない探索的な活動となる**のだから、当然適応する機会が必要となる（図5－5）。

さて、アジャイルCoEが取り組むべきバックログについて、その代表例を示しておこう（**アジャイルCoEの8つのバックログ**［図5－6］）。以下は実際に取り組む際の順番としても参考にしてもらいたい。

- 組織にアジャイルを広げるためのバックログを用意する
- CoE自体の活動をスプリントで運営し、探索と適応を回す
- CoEから各プロジェクトや部署への働きかけを行う
（そして、変える）

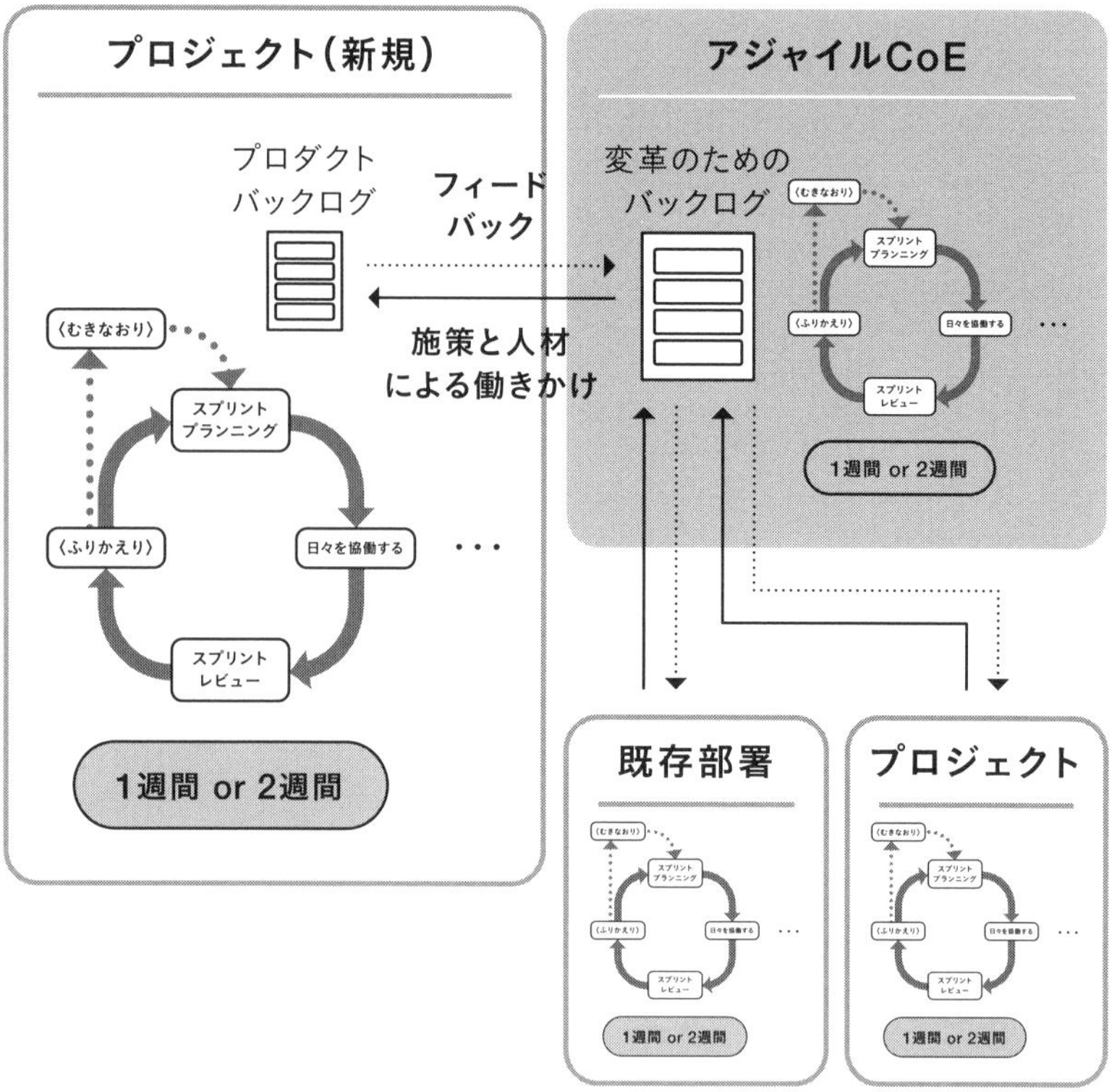

図5-5　アジャイルCoEの活動

1. 組織アジャイルの実践ガイド作り
2. 教育コンテンツ作り
3. 社内コミュニティ作り
4. 社外への発信
5. 組織理念との整合を取る
6. 実践の伴走支援
7. 体制の拡充
8. 学びの集積

図5-6　アジャイルCoEの8つのバックログ

（1）組織アジャイルCoEが着手するべきアウトプットとは「小さなガイド」

まず、アジャイルCoEが着手するべきアウトプットとは「小さなガイド」である。アジャイルなるものがいかなるもので、どのように仕事を進めるのか、まとまった情報は足がかりとして不可欠である。何しろ本家とも言うべきスクラムでも、翻訳版にして20ページを切る「スクラムガイド」が存在するのである。組織にアジャイルを伝えるための最初のリード文が必要だ。もちろん、その厚みはできるだけ本家に近いほうがよいだろう。大量の情報があってもまず受け止められない。手に取ってもらえなくなる。

スクラムガイドがあるならばそれを読めばよいと思われるかもしれない。もちろん、スクラムガイドを手にして理解が得られそうならそれでも構わない。むしろそのほうがよい。しかし、スクラムガイドはその出自がソフトウェア開発にあり、かつ海外に端を発するものなので読み手に受け取りにくさを感じさせるところがあるかもしれない。無理に受け入れてもらおうとするよりも、業界やその組織に合ったガイドを作るほうがかえって通りがよい。

なお、作るのは標準や規程ではない。あくまでガイドである。重たい標準や規程を作ることは、最適化への始まりになりかねない。改変が可能で、容易な位置づけとして用意するべきである。標準化によって伝統組織は成り立っているところがあり、こうしたガイドの提示は馴染みがあって都合が良いと言える。

(2)教育コンテンツ作り

ガイドを作ったら、次はそれをベースとした教育コンテンツ作りが待っている。ガイドはあくまで20〜30ページほどの分量であろう。しかし、組織アジャイルを実践するにあたっては、本書が示すとおり相応の知識や工夫、そのための情報が必要となるのは間違いない。「とにかく自分で読んでおいて」という位置づけのガイドとは別に、わかるように語りかけ、適宜質問を受け、ワークを交えるインタラクティブな研修が要る。

研修を作るにあたっては、知見者の協力が不可欠だ。社内でも社外でも、協力者を探そう。ただし、協力を求める相手の理想は組織でアジャイルを適用、運営した経験があるかどうかである。先に述べたように、組織アジャイルについての経験者とは、組織外にあたるとしても極めて希少と考えたほうがよい。何しろソフトウェア開発でもまだアジャイルの普及が道半ばの段階なのである。なまじ実践の裏打ちがない自称「組織アジャイル経験者」の提言を取り入れてしまうと、組織に実行性のない仕組みを導入してしまいかねない。

相手にどの程度組織アジャイルの知見があるかどうかを問うための質問を紹介しておこう(**組織アジャイルの経験を問う5つの質問**)。

「アジャイルとは何か?」 相手がどの切り口として「アジャイル」を語っているかを問う。ソフトウェア開発プロセスとしてのアジャイルなのか、チーム活動としてのアジャイルなのか、組織としてのアジャイルなのか。あるいは価値観としてのアジャイルまで、さまざまなレベルのアジャイルという言葉が用いられる。そもそもあなたの言っている「アジャイル」とは何か。どこかの本の引用ではなくて、本人の言葉として語っているか。

「〝組織のアジャイル化〟として何をしたのか？」 実際にどのような活動を行って、それを「組織のアジャイル化」と称しているのか。研修したことなのか、1つのチームのアジャイルについてなのか、部門単位なのか。それとも組織まるごとすべてなのか。「組織」という言葉で表す範囲、規模感は不明確になりやすい。

「どんな結果が出たのか？」 〝組織のアジャイル化〟なる働きかけで、どんな効果、成果が得られたのか。それは今も続いているのか。その後どのような課題に直面しているのか。実はアジャイルとなる取り組みに「課題は綺麗さっぱりなくなっています」ということはありえない。組織がより良くあろうとするために自律的に課題に取り組み続けている状態こそアジャイルと言える。

「どうやって広げたのか？」 〝組織のアジャイル化〟なるものを広げるためにどんな手をとったか。まさか一チーム伴走してあとはクライアント任せということはあるまい。組織に広げていく際の課題とは何か。そのためにどのような作戦をとったのか。何よりも、実際に広がっているのか。そして「広がっている」ことをどうやって測っているか。

「結局、何をしたのか?」 組織のアジャイル化にあたって、自分自身はどういう役割を果たしたのか。苦労話のひとつやふたつ聞かせてほしい。もちろん会社の実績と個人の実績は違うから、自身の経験を話してほしい。この質問は最初の「アジャイルとは何か?」という質問とつながっている。自分が何をしたかによって、アジャイルという言葉の捉え方にそもそも違いが現れる。

(3)社内コミュニティ作り

研修は組織としてのパブリックな場であり、情報提供の機会に位置する。一方で、組織に新たな方法を広げていくためには、よりフランクな場もあるのが理想だ。社内コミュニティで研修とは異なるより気軽な勉強会の開催や知見の集積を行おう。思えばソフトウェア開発におけるアジャイルもコミュニティという場によって育ってきたところがある。アジャイルについての雑談や自由な相談ができる場があると実践の下支えになるのだ。こうした場でのコミュニケーションが、取り組みの動機づけにつながるところもある。

また、研修はそのクオリティをCoEが担保する必要があるが、コミュニティの運営には組織内から有志を募るのがよいだろう。当事者としてコミュニティ運営を行うことが、その持続性に寄与する。なお、コミュニティの運営にあたっては、もちろんオンラインの場作りも要となる。日常の何気ない会話はオンラインのチャット、勉強会も基本ウェブ会議での開催とするのでよいが、数回に一回はリアルな場で実施するなどオンラインとオフラインの場を織り交ぜよう。リアルな対話というのは思った以上に相互にやりとりする情報量を増やし、取り組みの仲間感を醸成する一助となる。

（4）社外への発信

次に考えたいのは社外への発信である。自組織の取り組みをブログなどで公開して、あえて外に向けて発信する。外に発信しようとするならば、何かしらの話のネタがなければ始まらない。先に述べたコミュニティでの取り組みを扱っていくとちょうどよい。勉強会で共有された知見や必ずしも整理された知識だけではなく、実践にあたっての課題も発信材料になりえる。

むしろ、外向けに良いように装った内容を発信してもいまひとつだ。なぜなら社外に発信するのは組織のアジャイルの取り組みをオープンにして、組織の内側にも知ってもらうためだからだ。組織が大きくなると、社内での発信があまり伝わらないということはよくある。こうした社外に向けて公開する内容のほうが、組織の外から内へと向けてかえって伝わるチャネルになるところがある。社外の人がとりあげてくれて話題になれば、より社内にも伝わりやすい。社外からのフィードバックは実践への動機づけにもつながる。

（5）組織理念との整合をとる

多くの組織で、ビジョンやミッション、バリュー、理念、あるいはパーパスなどを掲げているだろう。「ウェイ」という呼び方をしているかもしれない。いずれにしても、こうした組織の掲げる根本的なＷＨＹとアジャイルとを結びつけ、アウトプットとして表現しておきたい。ウェイで表す内容とアジャイルの整合、あるいはウェイを実現するためにアジャイルがどのように活きるのか、この関係性を言語化する。小さなリーフレットや資料にまとめて公開し、誰でも見れるようにしよう。

こうした組織のウェイとの整合をとっておくと、組織内にアジャイルを広げる名分が得られる。何しろ組織で新たな概念、方法を広げるとなると、その意図が問われる。最適化に最適化した組織のこれまでで言うと、意思決定や行動にゆらぎを与える余計なことなのだ。まず、リジェクトされることを想定しておかなければならない。ウェイとの整合はそれを防ぐ布石となる。

また、ウェイと関連をもたせて公開するとなれば、ウェイの管掌役員（組織によっては社長となる）の理解が必要となる。ここを乗り越えられればまた大きな後押しとなる。経営からのお墨付きを得ているとなれば、簡単にリジェクトもできない。ややテクニックに寄っているように思えるかもしれないが、こうした取り組みでも駆使しなければ組織を変えることは難しい。

ところで、ウェイが存在しない、あるいはもはや形式的なものとなっている場合はどうするべきだろうか。古びたウェイを取り出したところで、いまさら感、違和感をもたらすようなら、別の手立てを考えたほうがよい。「組織内での名分を得る」という狙いは果たせないが、今後の旗印となりうる新たな「価値観」を得ておきたい。組織内の共通の見方として拠り所となる価値観が言語化されていなければ、組織アジャイルを広げる際に常に認識のための時間を要することになるからだ（「何のために取り組むのか。なぜ、それが大義になるのか」）。

ただし、他の部門やチーム、その上のマネージャー、さらには経営層とも共通言語として用いることができる価値観をゼロから定義するのは困難である。そこで、本章後半の5－3「組織の芯はどこにあるのか」にて、組織アジャイルの4つの価値観を示す。内容に違和感がなければ、組織アジャイルに取り組む際の拠り所として用いるとよい。そのうえで、アジャイルが組織の中に浸透していく過程で自組織にとって何が判断基準として最も合っているのか問い直し、適宜再定義を行うようにしよう。

（6）実践の伴走支援

研修受講者やコミュニティ参加者を対象として、組織アジャイルを実践するにあたっての伴走支援を仕組み化する。研修を受講して自部門に戻った際に、そこでのアジャイル実践にあたって取り組み全般を支援するメニューを提供するということだ。わかりやすく、実際にメニュー化して、提示できるようにしておけるとよいだろう。

具体的には、実践のための部門向けレクチャー会の提供や、理解を深めるためのワークショップの開催、実際にプロジェクトや組織活動にスクラムマスターとしてＣｏＥメンバーが参画するといった切り口がありえる。

こうした伴走支援の内容がまた研修コンテンツや勉強会での発信などにもつながる。ＣｏＥ側の支援としての知見も具体的な実践によってこそ深まる。

なお、伴走支援を戦略的に行う、つまり組織にアジャイルを広げていくことをＣｏＥが意図的に行うにあたっては、**「ドミノ戦略」**を意識したい。最初に支援する部署で結果が出ると、次の支援先にその実績を示すことができる。何しろ組織でアジャイルを広げようとするとさまざまな抵抗が待っている。繰り返し問われるのはやはり実績だ。ゆえに、ドミノを倒す際にその倒れ方を計算するように、どのような部署から取り掛かり、それが次のどこに活きる可能性があるか算段をつけておくようにしたい。

最初は、取り組み実績がなくても乗ってきてくれそうな、新規事業を扱う部署やマーケティング部門がよいだろう。その次は、組織によって対象が異なるがいわゆるエース的な部門、たとえば営業部門や製造、生産部門など、組織にとっての要となる部門に越境したい。エース部門での実績は、間違いなくアジャイルを組織に広げていく助けとなる。

（7）体制の拡充

さて、伴走支援まで取り組みを進めていくとなると、確実に体制は足りなくなっていく。ゆえに、CoE自体をどう拡充するか手を打っていかなければならない。経験者を少しずつ増やし、CoEに寄せていくという組織への働きかけはもちろん行うとして、大きな組織で広げゆくにはよりテコを動かすことを講じねばならない。支援される側が次は支援する側に回る、CoEは支援者を支援する側へと位置を意図的に変えていくようにする。

「伴走支援者の支援」という構造を作ることでスケールさせていく。伴走支援者の伴走を支えるコンテンツ作りや、伴走支援者が相談できる場の用意など、一段外側に身を置いた活動を意識する必要が出てくる。伴走支援者同士でのふりかえりを行う場ができれば、伴走支援に関する知見を表出し、それぞれの支援内容を強化することも期待できる。伴走支援者同士で一つのチームを形成するイメージだ。

(8)学びの集積

アジャイルCoEの代表的なバックログ、最後は学びの集積のための仕組みを作ることだ。そもそも最適化に振り切った組織は組織内で学習を循環させるシステムが弱体化している可能性が高い。学びの収穫はせいぜい個々人にのみ閉じられ、他者と知を共有するという機会がなくなってしまっていることがある。SECIモデル(野中郁次郎氏によって提唱された、ナレッジマネジメントのためのフレームワーク[図5-7])で言えば、暗黙知を表出させる場がない状態である。

組織アジャイルでは〈ふりかえり〉がSECIモデルでの表出化の場にあたる。継続するべき工夫も、課題解決についての議論も、個々人に内在している暗黙知が表に出されるプロセスになりうる。チームや部門ごとにふりかえりを実施するのはもちろんのこと、アジャイルCoE自体でもふりかえりを実施したい。伴走支援者が持つ知見を現場を越えて表出する意義ある場となるからだ。

ここではさらにもう一段階、学習のモデルを磨いていきたい。SECIモデルの実践にあたっては、暗黙知から表出された形式知同士を結びつける「連結化」が手薄になりやすい。これは、ふりかえりの結果から得られた学びを形式知として整え、蓄えられていないことが多いからである。あくまでチームの知見としてチーム内に共有され、そこで消化されてしまう。チームの外およびチーム自身も、かつて得られた知見への再アクセスが難しい。連結化がないと、表出化から内面化へと即座に移り、知見の深まりが弱いまま実践を繰り返すことになる。

そこで、学びの概念モデルについてもうひとつ、**「コルブの経験学習モデル」**も用いたい(図5-8)。コルブの経験学習も、具体的経験、つまり実践の結果から学びを得ようとする。実践の過程と結果

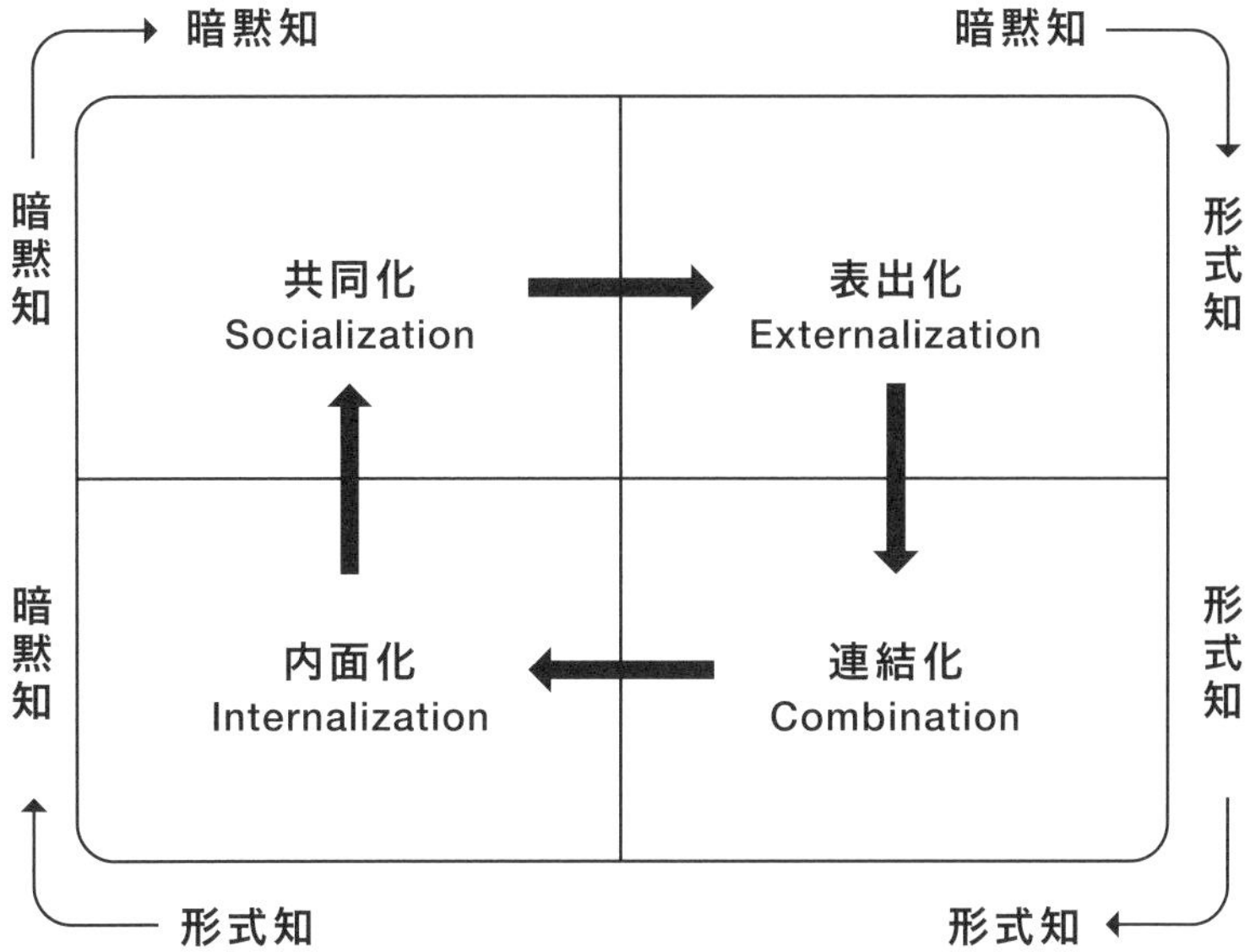
暗黙知
暗黙知
暗黙知
形式知
共同化
Socialization
表出化
Externalization
暗黙知
形式知
内面化
Internalization
連結化
Combination
形式知
形式知

図5-7　SECIモデル

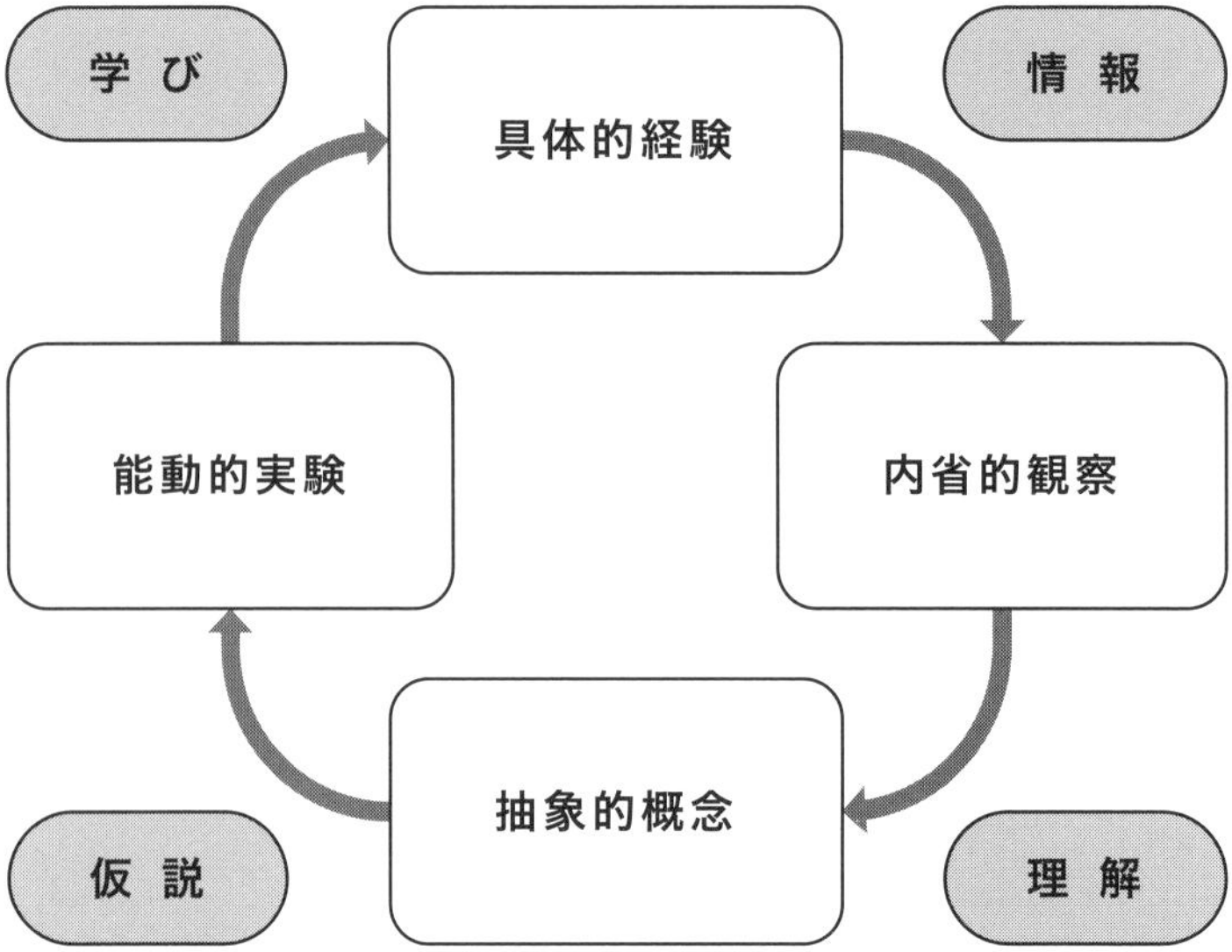

図5-8　コルブの経験学習モデル

について棚卸しを行い、内省的観察、つまり〈ふりかえり〉を実施する。経験という「情報」から、何が学びとなり次に活きる可能性があるのか「理解」を得る。

そうした「理解」から、実験にあてていくことになる「仮説」を得る。これが**抽象的概念化**と呼ばれる活動である。経験から知見を取り出すにあたって「抽象化」を交える。具体的経験からは具体的な工夫が得られる。だが、そのままでは同じ問題に適用するほかなく応用が効かない。具体的な工夫について、なぜ効果が得られるのか、その背景に立ち返り対象の問題の本質と解決策たる工夫の特徴を捉えるようにする。そうして抽象化して捉え直すことによって、工夫を適用できる問題が広がる可能性がある。

たとえば〈むきなおり〉とは抽象的概念化から導き出したものである。ふりかえりを繰り返し実施していると確かにカイゼンは深まっていく。しかしそもそものチームの目指す先が変わっていて、なおかつそのことに気づけないままだと、いくらふりかえっても目指すところには辿り着けないということが起こりうる。ふりかえり同様に定期的に目的地自体を捉え直し、現在取り組んでいる内容がそもそも合っているのかを見直す必要がある。こうした行為は特定のプロジェクトにかぎらず、どのような仕事でも適用したほうがよい。ゆえに名前づけを行い（むきなおり）、概念化したわけである。

こうした具体的経験から概念化を得るプロセスを、特に**〈ものわかり〉**と呼んでいる（図5－9）。

ものわかりによって発見された概念は、チームや組織の知見として集積していきたい。そうした知見をふりかえりやものわかりで引っ張り出すことで、ＳＥＣＩモデルで言う連結化が期待できる。発見している概念と、新たに得られた工夫との掛け合わせでさらに新たな概念を創出できる可能性があ

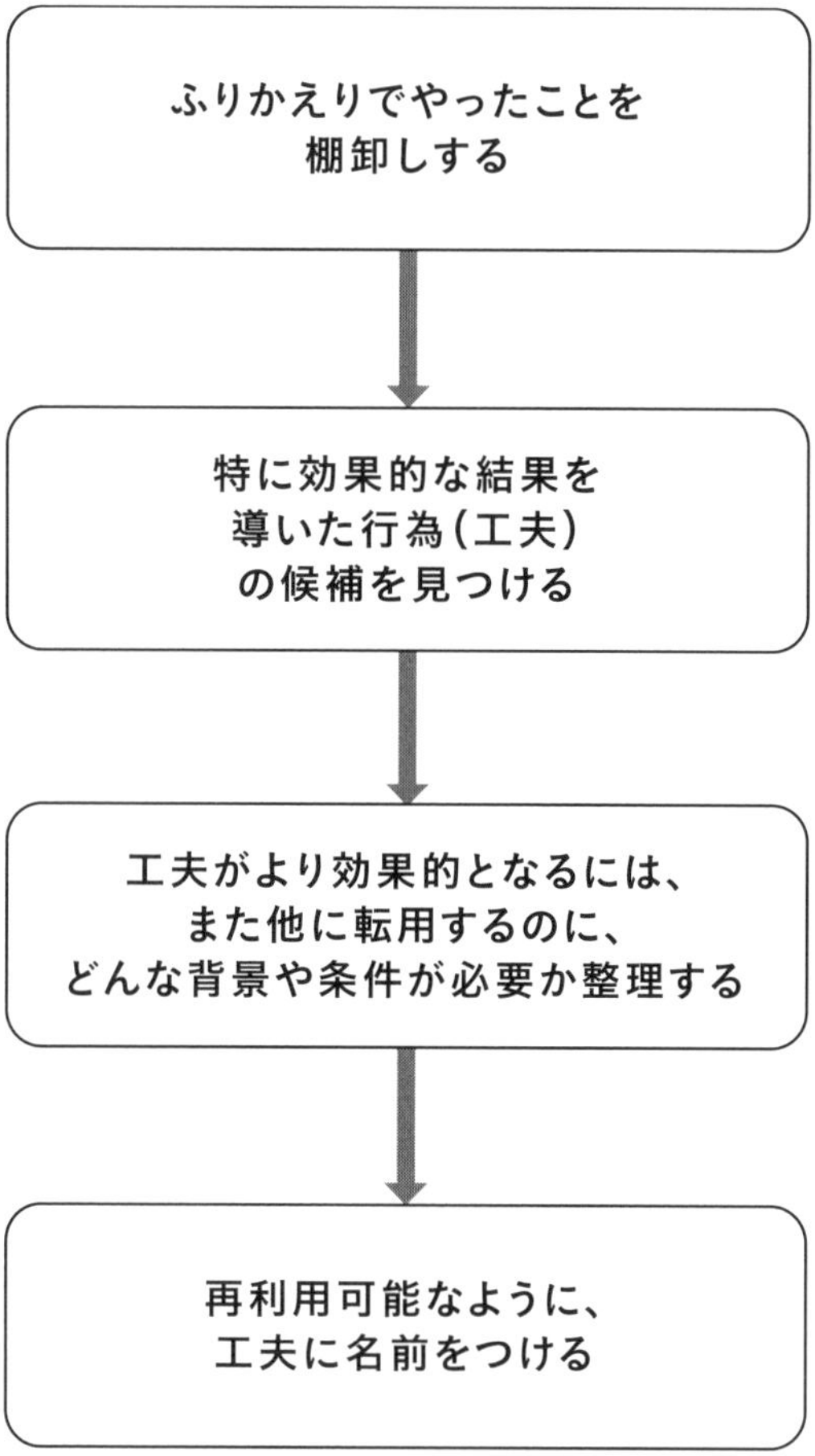
ふりかえりでやったことを
棚卸しする
特に効果的な結果を
導いた行為（工夫）
の候補を見つける
工夫がより効果的となるには、
また他に転用するのに、
どんな背景や条件が必要か整理する
再利用可能なように、
工夫に名前をつける

図5-9 〈ものわかり〉

る。

ものわかり自体は特にアジャイルＣｏＥのみで行うものというわけではなく、すべてのチームや部門でふりかえりやむきなおり同様に定期的に行うようにしたい。ふりかえりのたびに実施するか、何回かふりかえりしてから具体的経験が蓄積されたところでものわかりに取り組むなどとするとよい。

ここまでが、アジャイルＣｏＥの説明となる。実際のところ、組織の機能としてＣｏＥを容易に作ることができない、作るまでの道のりが長い、ということはよくあることだ。ＣｏＥがなければ、ここにあげたバックログが取り組めないわけではない。むしろ、こうした取り組みに着手し、結果を重ねていくことで、ＣｏＥとしての確立を組織に提言していくとよいだろう。

最後に、８つのバックログの実行によって組織内に具体的にどのような変化が起こることが想定できるか示しておこう（図５－10）。それぞれの変化のつながりが辿れるように段取りを整え、働きかけていくことがＣｏＥの役割である。

さて次に、アジャイルを組織に宿すための本命、組織の階層構造へのアジャイルの染み込ませ方について、その作戦を示していこう。

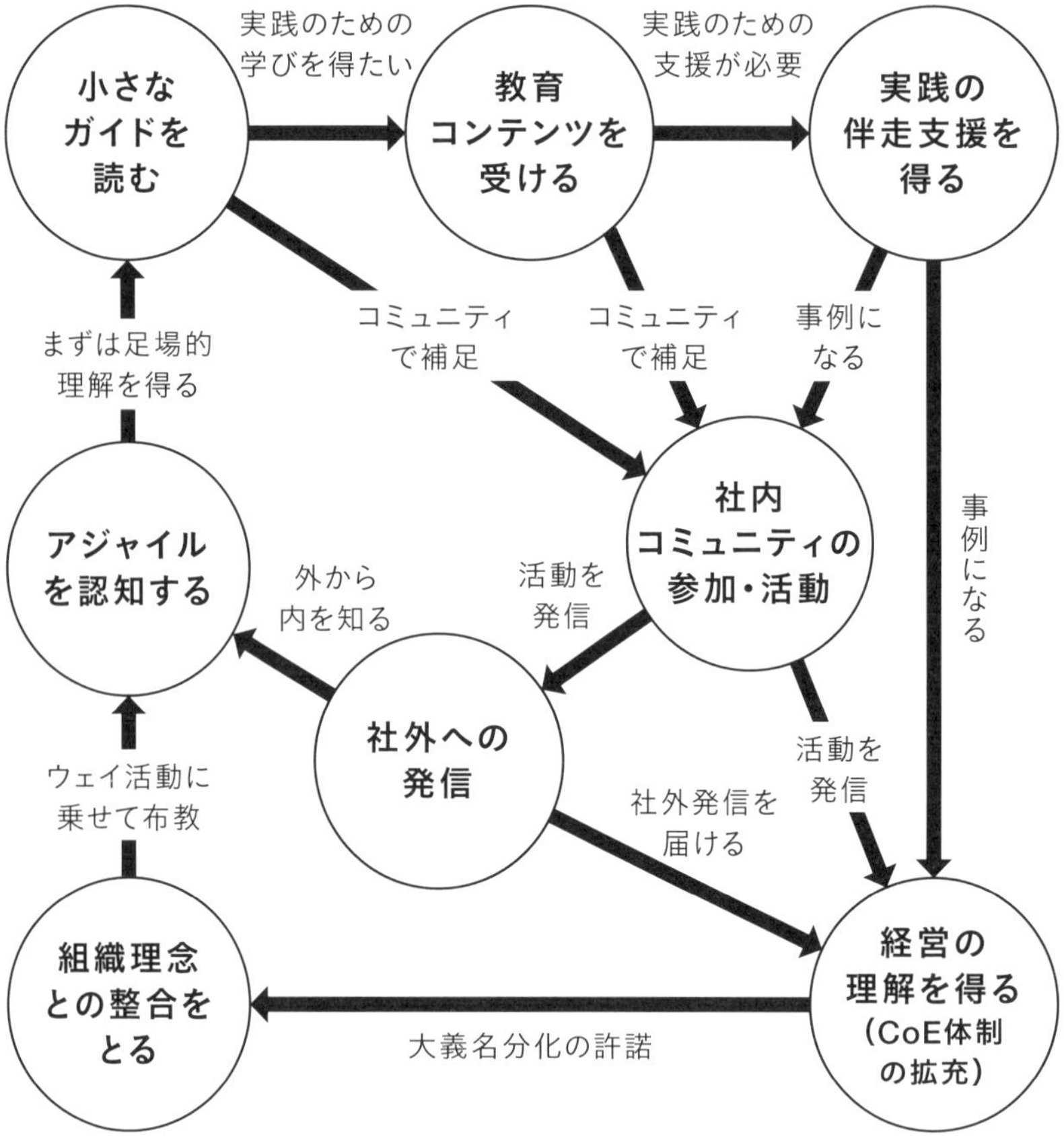

図5-10　アジャイルCoEの8つのバックログにより起きる、変化のつながり

5-2 組織をアジャイルの回転に巻き込む

一つの小さな組織から外の部門へアジャイルを広げていく水平の働きかけについて、7つの原則とアジャイルCoEの8つのバックログで示した。一方、階層構造にある組織の垂直方向で組織アジャイルを機能させるためには、「アジャイルのフラクタル化」を適用する。これを〈フラクタル・アジャイル〉と呼ぶ。つまり、**アジャイルの回転をボトム（現場組織）からミドル（ボトムを束ねる部署およびそのマネージャー）、トップ（経営）へと再帰的に構造化する**イメージである（図5－11）。

あなたがプロジェクトや一つのチームを担うリーダーであるならば、その一つ上の階層長に組織アジャイルの意義を伝えよう（課や部といった単位になるであろう）。この際、ボトムで実践して結果が伴っていることが何よりも提言の材料となる。階層長に「最適化型組織から探索適応組織への移行」をそのまま訴えてもなかなか理解が得られないだろう。あくまで現段階での階層長の関心に合ったストーリーが必要だ。

すなわち、アジャイルに取り組むチームが傘下に増えたミドル部門で「横断的俯瞰的にチーム群のマネジメントを行うためにはどうあるべきか」をテーマに据えるべきである。傘下チームがアジャイルによって機動性を高めるなかで、それを束ねるミドルが旧態依然のマネジメントでよいのか。より

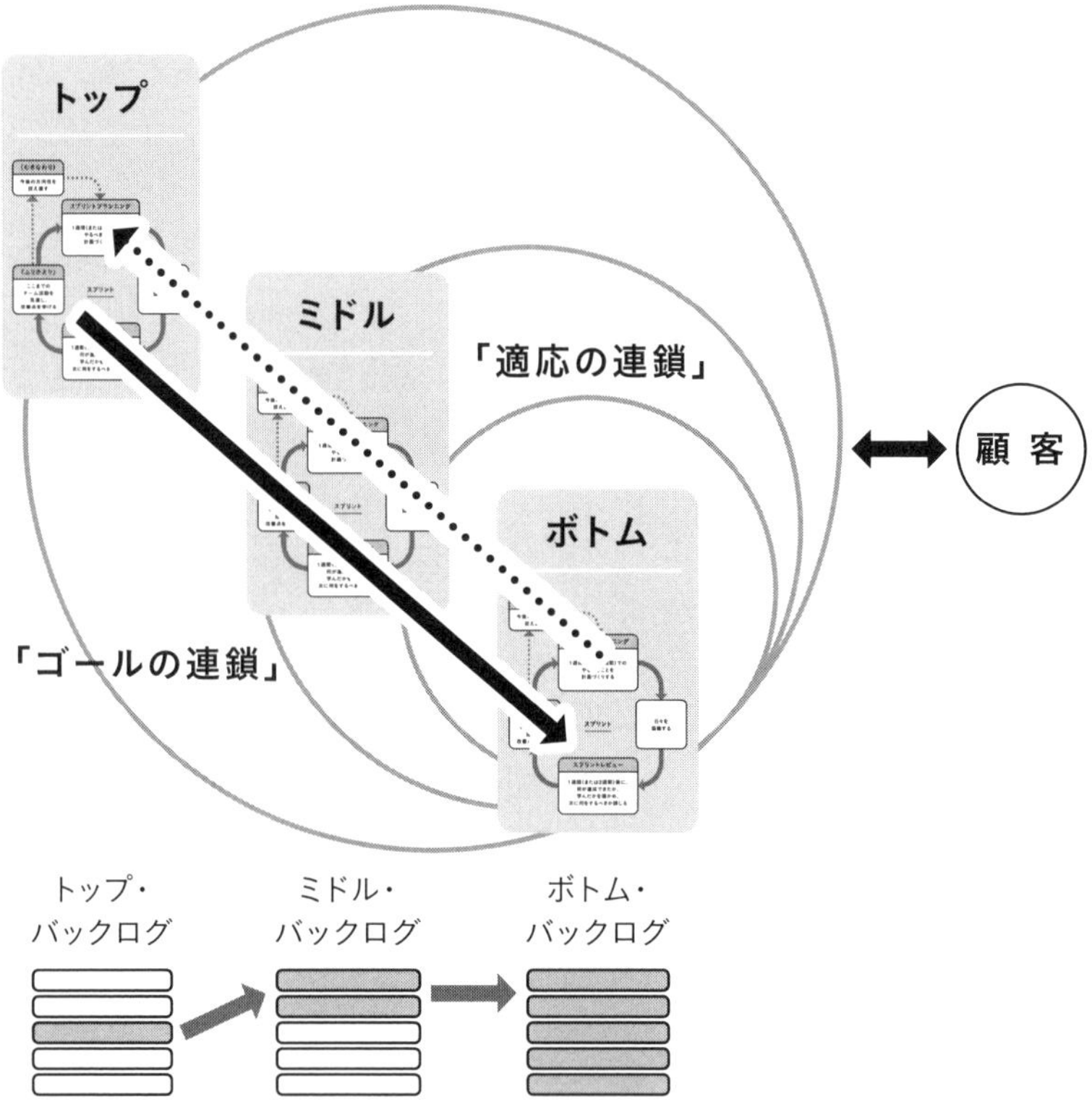

図5-11 〈フラクタル・アジャイル〉

アジャイルなチームが活きるためには、ミドルもアジャイルに適した動きをとるべきではないか。各チームが、ミドルの担う戦略なり、ＫＰＩの何を担っていて、どのような成果あるいは課題に直面しているかを適時把握し、適切に手が打てる状態。そうしたあり方に到達するためのミドルマネジメントのアジャイル適応を階層長とともに模索しよう。

なお、アジャイルの回転を組織の垂直ラインに埋め込んでいくのはボトムからの提言だけではない。アジャイルＣｏＥを設置できている場合はもちろんＣｏＥで担うべき事案である。ＣｏＥのやるべきこと（バックログ）に加えておきたい。

さて、ここからはフラクタル・アジャイルの構築を順を追って辿っていくとしよう。まず最初に構築すべきは「ボトムの回転」であり、これが最も芯となる回転にあたる。ボトムの回転についてはすでに第3章で述べている。ここで主体となるのは一つのチームや部署となる。ボトムでの取り組みが、その組織でのお手本、リファレンス（参照対象）となる。

ボトムより先にミドルの回転が構築されることも場合によってはある。ただし、フラクタル・アジャイルの構造が噛み合い、円滑な動きを目指すには、ボトムでのアジャイルが何よりも求められる。ボトムでの回転こそが組織にとっての具体であり、価値を生み出す活動だからである。ミドルで適時適応な施策を打ったとしても、受け取る側のボトムが変化に対応できるような構えになっていなければ何にもならない（ミドルがアジャイルＣｏＥそのものの機能を果たす場合は別である。ミドルから各ボトムへの働きかけを行うことになる）。

マネジメント・アジャイルを回転させる（ミドルの回転）

そもそもミドルの役割とは何だろうか。組織のマネジメントの中核を担う階層にあたり、その階層長は企業組織の舵取りを担っているに等しい。意図、方針、実行という3つの概念で捉えると、ボトムは組織としての実行を担い、トップは意図を務め、ミドルは方針を扱う。トップが掲げる組織としての狙い、目標を実行可能とするように、何をどれからどう進めるべきなのか、方針や戦略を担うことになるのがミドルである。

ミドルが存在しなくても、トップとボトムだけで成り立つ組織もある。ただ、トップの意図を組織の隅々まで行き渡らせるには「規模の壁」が存在する。ミドルを必要としない組織はおそらく小規模なサイズとなるだろう。

また、トップのコンセプチュアルな意図を実行可能にする落とし込みが必要であり、それを現場で担うのは相応の負担となる。扱うミッションや領域サイズが小さければ綿密なコミュニケーションで何とかなるところはある。だが、同時に動くチームが増えたり、ミッションが高度になっていくにつれ、意図から即実行へと移すのは難しくなる。組織が規模の壁を破り、なおかつ機動的に動いていくためにはミドル層が必要であり、それは組織アジャイルでも同様のことである。

つまり、ミドルにおけるバックログ（図5－12）とは、トップの意図を方針レベルに噛み砕いたもの、組織が追うと決めたＫＰＩをどのようにして達成するかという作戦に落とし込んだもの、そうした内

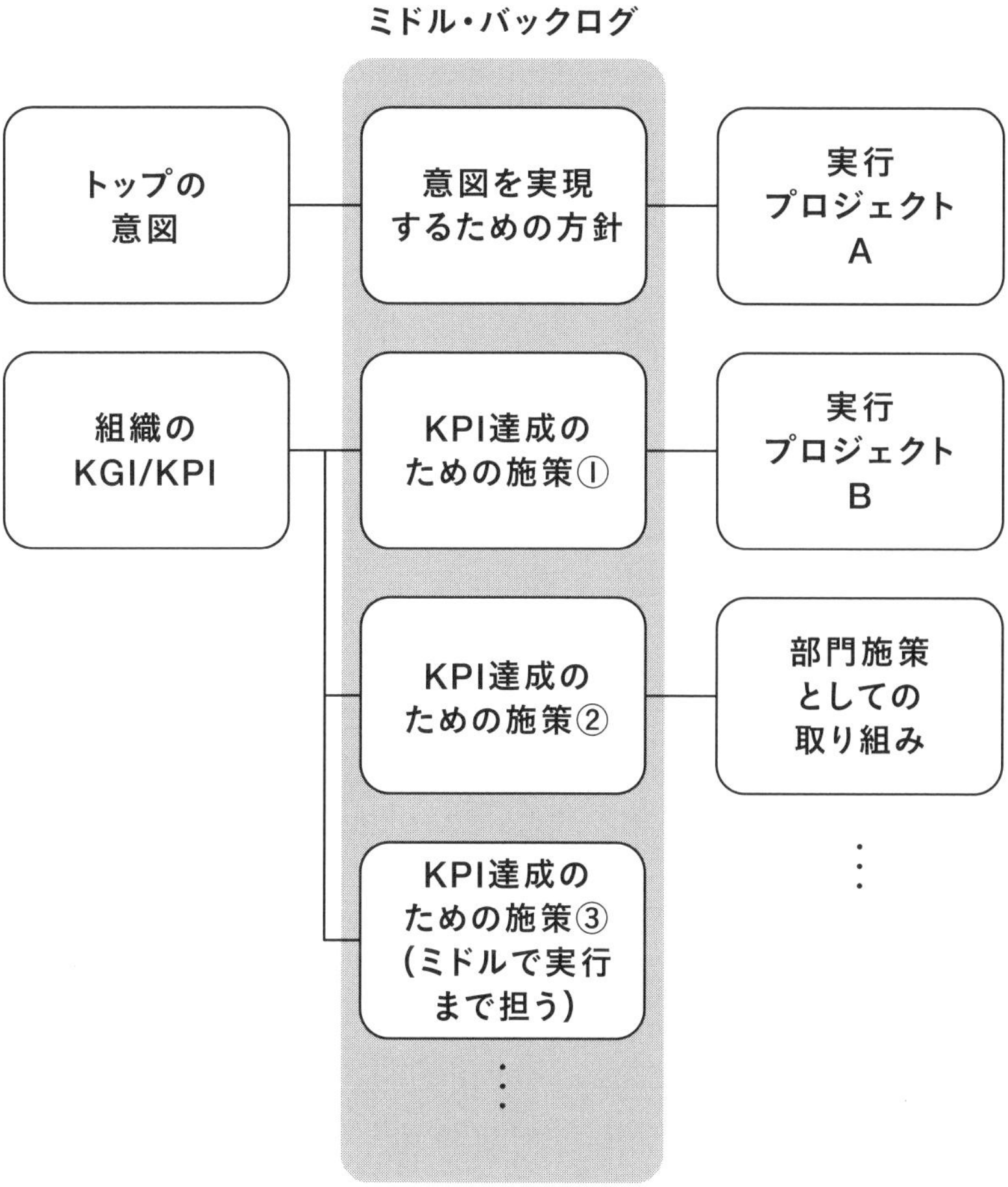
ミドル・バックログ
トップの意図
意図を実現するための方針
実行プロジェクトA
組織のKGI/KPI
KPI達成のための施策①
実行プロジェクトB
KPI達成のための施策②
部門施策としての取り組み
KPI達成のための施策③（ミドルで実行まで担う）

図5-12　ミドル・バックログ

容となる。

ミドルでも組織アジャイルとして行うべきことはボトムと同様である。組織KPIや経営へのコミットメントを果たすために必要な施策をまとめ、バックログにする。一定のタイムボックスのもとで、バックログからスプリントでの対象範囲を決める。こうしたプランニングには、ミドルの主となる階層長（部長や課長など）と、ボトム側のリーダーたちが集まることになる。そして、スプリントを終えるときにミドル・バックログの取り組み結果を収集し、レビューするという動きをとる。

ただしミドルならではのいくつかの留意点がある（ミドルの回転4つの方針）。

(1)ミドルのタイムボックスはボトムのその長さを踏まえて決める

スプリントの距離をどのように置くかはボトム側のタイムボックスに依るところがある。たとえば、ボトム側が1ヶ月のスプリントを回転させているところで、ミドルが1週間スプリントを行う必要性はやや乏しい。ミドルが総括するのはボトムでの探索適応の結果なので、判断材料が増えないなかでミドル側の回転を早める意義が他にあるかどうかだ。

実際には意義がある場合もある。ボトム側のプロジェクトの難易度が高い、悪い方で言うと炎上している、そうした状況下ではミドル側の回転数を高め、ボトムを先回りして判断したり動くことが有効になることがある。この場合は積極的にミドルからボトムへの働きかけを行うようなイメージだ。

あるいは、ミドル層だけで扱うテーマや施策が数多くある場合も、ミドルの回転を早める判断は必要になる。ボトム側のプロジェクトやチームを動かすことなく、ミドルで完結する取り組みはミドルの回転の中で計画作りし、実際に取り組み、結果を確認していく必要がある。
ということを踏まえると、ミドルのタイムボックスはやはり1週間から1ヶ月程度ということになる。2ヶ月〜3ヶ月ではやや舵取りが重たく、状況への適応性は低いままだ。

(2)ミドルとボトムのバックログを連結させる

ミドルとボトムの間では、方針と実行の整合性がとれなければならない。ここをバックログの連結で仕組みにするわけだが、そのつなぎ方は極めて重要になる。まず前提として、ボトム側のバックログをそのままミドルで把握していくのは現実的ではない。ボトムのバックログはそのまま実行可能な状態まで持っていくため微細となる。そうした解像度をミドルで複数プロジェクト横断して把握していくのは、量が増えるにつれ不可能となる。やはり、ミドルとボトムでバックログを分けてマネジメントする必要がある（図5－13）。

ミドルとボトムのあいだでバックログの整合をとっていくには方向性がある。ミドルからボトム、ボトムからミドル、双方向でバックログの連結を考慮する必要がある。このうち、ミドルからボトムの流れは比較的わかりやすい。ミドルで状況を見て、必要と考えられる施策を講じ、ボトムへと伝える。受け取ったボトムは、ボトムバックログで実行可能なようにさらに噛み砕きを行う。この流れはミドルとボトムで取り組み内容が共通の認識になっているため、実行に移った後も比較的トレースしやすい。

問題はボトムからミドルの方向である。当然だが、組織の活動は上意下達の一方向だけで成り立つ

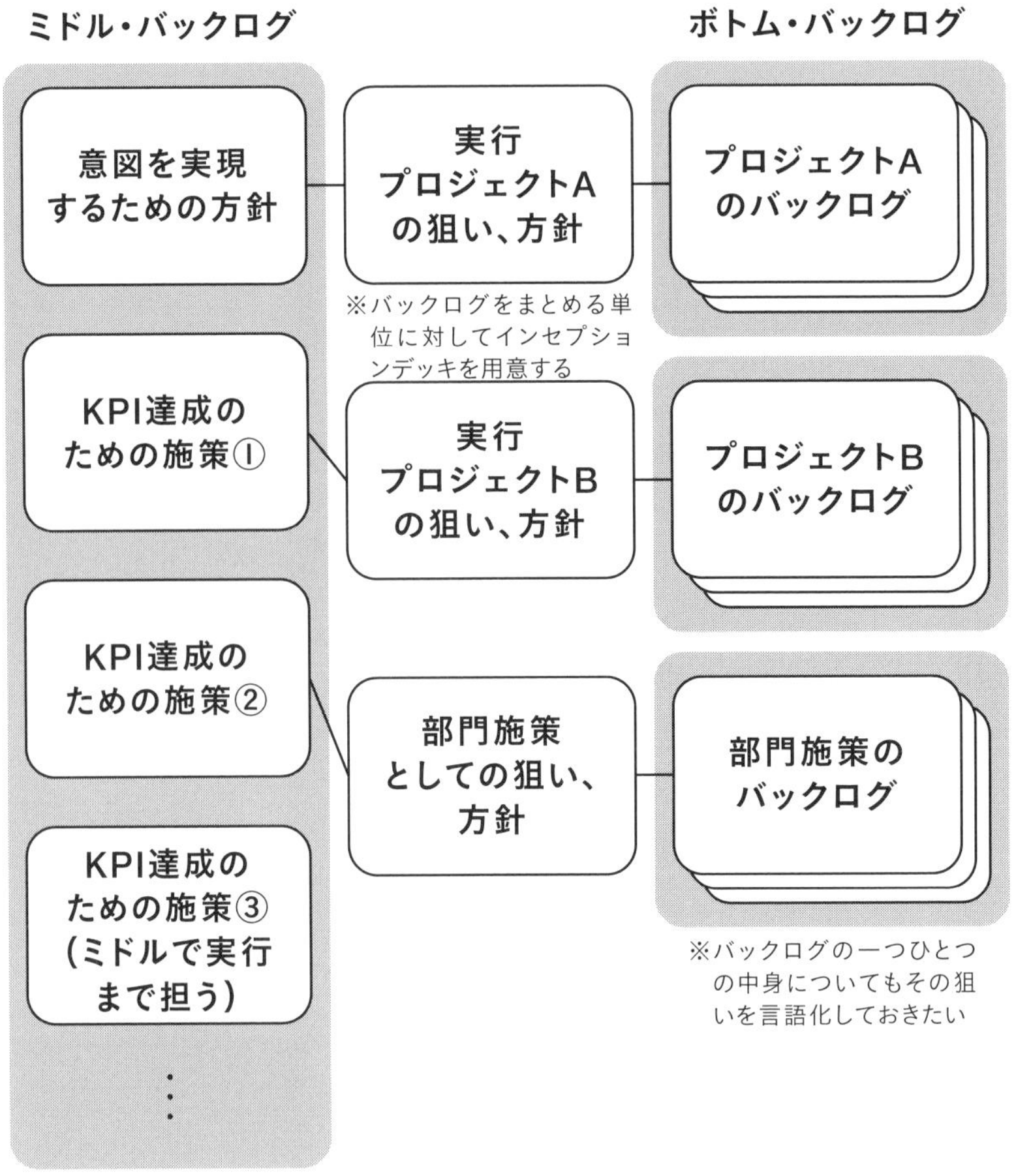
ミドル・バックログ
ボトム・バックログ
意図を実現するための方針
実行プロジェクトAの狙い、方針
プロジェクトAのバックログ
※バックログをまとめる単位に対してインセプションデッキを用意する
KPI達成のための施策①
実行プロジェクトBの狙い、方針
プロジェクトBのバックログ
KPI達成のための施策②
部門施策としての狙い、方針
部門施策のバックログ
KPI達成のための施策③(ミドルで実行まで担う)
※バックログの一つひとつの中身についてもその狙いを言語化しておきたい

図5-13　ミドルとボトムのバックログの連結

ものではない。むしろ、実践にあたって最も詳細度が上がる現場こそ情報が生まれる源となる。ボトムで状況を把握し、判断し、実行していく、そうしたボトム側の回転こそ組織が価値を生み出す活動の中心なのは言うまでもない。

ミドルからボトムへと送り出した施策について、その結果のフィードバックを得るのはミドルのスプリントレビューに現場リーダーが参加し共有することで担保できる。だが、先のようなボトムから生まれた活動、取り組みについて、ミドル側が把握するのにはもう少し工夫が必要となる。次項で述べる「ミッションシート」のような存在は不可欠となるが、その前提としてボトム側での**「仕事の構造化」**が必要となる。

仕事の構造化は組織活動において極めて重要な概念である。ミドルとボトムの連結云々以前の話として、自らが手掛ける仕事を常に構造化して見れるようにしておきたい。**構造化のコツは、「何のために行うのか、何のためのものなのか」と、その目的を問うことである。**ある広告施策を打つとする。それは何のために行うのか。当然ある顧客層の集客のためである。あるいは、ある機能を作る。それは何のためのものなのか。ある顧客の問題解決のためである。仕事に取り組む当事者自身が意義や狙いを理解し、常に前提として扱えるようにしておきたい。

ここで、目的と理由を混同しないようにしよう。理由とは、なぜそうするのか、という筋道の説明である。顧客に言われたからこの機能を作ろうとしている、というのは理由である。仕事の構造化にあたっては、理由ではなく、そうすることで何を実現したいのかという狙い(目的)を表現したい。

こうして目的を言語化、可視化し、その内容をボトムとミドルで合わせるようにしたい。おそらく、ミドルの扱える粒度に近づき、ミドルの担う方針や戦略との整合もとりやすくなるはずである。ボトムの取り組みが組織ＫＰＩや方針とずれており、それでいて現場活動上においてもそれほどの重要性がないことに時間を費やそうとしてしまっているとしたら、ミドルとボトムのあいだで何に取り組むべきなのか認識を合わせていかなければならない。また、そもそも構造化が弱いボトムにはミドルやＣｏＥから構造化の支援も必要となる。

こうしたバックログの構造化とは何を意味しているのだろうか。実は、こうした構造化で組織の階層構造を写像しているのである。ミドルとボトムは組織上異なる階層である以上、扱う情報の解像度も異なる。一定の組織規模では、情報の解像度を意図的に変えなければならない。組織中を最も微細なバックログで運用できるほど私たちは単純な仕事をしていない。

ただし、組織上の階層とはあくまで情報解像度の管理上の概念でしかない。人間が各階層にいて、階層を辿りながら情報の伝言ゲームを行うことが目的なのではない。あくまで組織の中の人間の立ち位置はフラットであるべきだ。伝言ゲームの運用を強いて、何とかなるような時代ではない。

「扱う情報の解像度が立場によって異なる」という前提に立ち、バックログ上で階層構造を作ることで、組織全体の判断や実行の速度を高めようというのが狙いである。**バックログの構造化は情報解像度のマネジメントのために必要不可欠となる**（そうでなければ階層にならって情報一つひとつを必要な解像度に人の手で調整して伝えなければならなくなる）。

同時に、俯瞰しようと思えば方針レベルから微細な実行に対応するバックログまで誰もが見れる状態を作っておきたい。情報解像度をマネージするということは、情報統制をすることではない。自分たちのやろうとしていることの全体が見渡せるからこそ、現場は自分たちで判断し、適応していくことができる。これも自己組織化を支えるもののひとつだ。

（3）「ゴールの連鎖」でミドルとボトムの共通理解を育む

ミドルとボトムの間で方針と実行の整合をとるにはもうひと工夫必要になる。ミドル側はトップの意図を噛み砕き、方針へと落とし込む。こうした方針にもとづく状況の進展をトレースしていくためには、スプリント単位での成果の言語化を行わなければ組織全体の整合を見失ってしまう。スプリントのまとめをミドルとボトムで協力して行うようにしたい（図5－14）。

表現したい構造は、①意図から方針への噛み砕き、②方針実行のための月次レベルのゴール設定、③月次ゴールに対するスプリントゴールの確認、となる。①はミドルの階層長（ミドルマネジメントの担い手）が中心となって設計することになる。方針の設定は3～4ヶ月単位程度である。②は方針の実現を月次レベルで捉えた場合のゴールとなる。月次ゴールは、ミドルマネジメントとボトムリーダーの両者で確認しながら設定することになる。①方針も②月次ゴールも、それぞれのタイムボックスにもとづき適応を行う。つまり、年間の目標設定を立て切って、あとはそのとおりに進めていく、せいぜい半期に一度見直しを行う、といったマネジメントにはしない。①は3ヶ月後の結果でもって、②は月次の取り組み結果でもって、評価を行い、その次の目標を設定を行う。

より機動的な組み立てとなるのは③スプリントゴールである。ボトム側のタイムボックスに合わせてゴール設定を行う。②の月次ゴール達成のために必要なスプリントゴールをボトムリーダーがチー

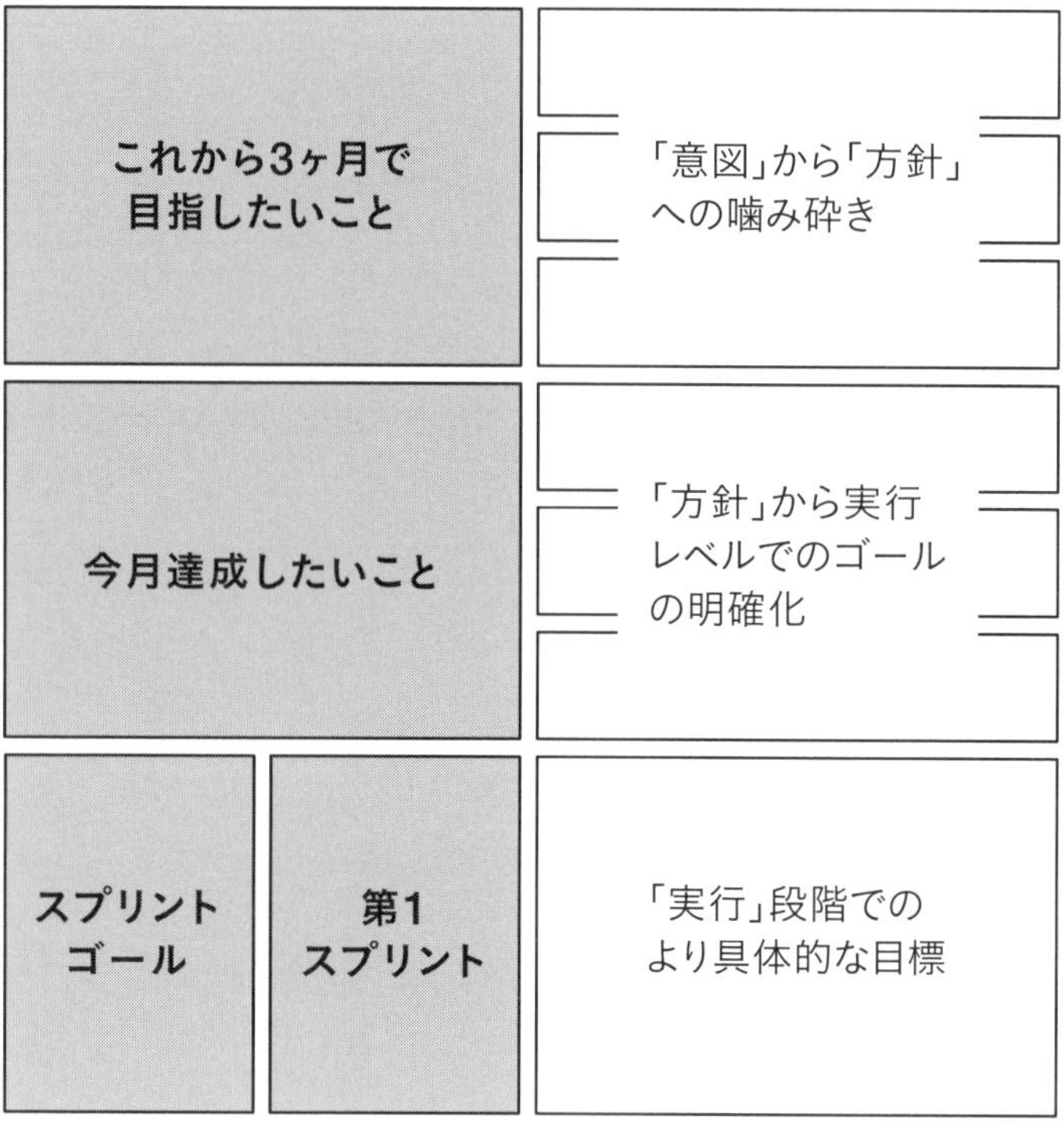
これから3ヶ月で
目指したいこと
「意図」から「方針」
への噛み砕き
今月達成したいこと
「方針」から実行
レベルでのゴール
の明確化
スプリント
ゴール
第1
スプリント
「実行」段階での
より具体的な目標

図5-14　ミドルとボトムをつなぐミッションシート

ムとともに設計する。隔週のスプリントであれば、設定するのは2回。週次であれば4回となる。もちろん③もスプリント単位での適応を行う。

くれぐれも、方針・月次ゴール・すべてのスプリントゴールを一回記述したらあとはそれをただ頑なに実行していくだけ、ということにはならないようにしたい。ここで言語化する内容は、あくまでこれから始めるタイムボックスの最初の「仮説」である。各タイムボックス（3ヶ月、月次、スプリント）を終えるタイミングでの適応が前提だ。

このように、①方針、②月次ゴール、③スプリントゴールと、3つの箇所で目標設定の可変性を備えることで、状況への適応を機動的に行えるようにするのが狙いである。こうした「ゴールの連鎖」を傘下チーム分まとめて、ミドルのスプリントレビューで確認する。各ボトムリーダーは「ゴールの連鎖」をスプリント単位で記述し、整理する運用となる。

この手のシートを運用すると、必ずと言っていいほど計画立案に最適化し始めてしまう。達成できそうなゴール設定を無自覚に行ってしまうことが多い。それでは探索適応にはならない。こういったシートや次に挙げる「線表」の運用によって不用意に最適化を招くならば、最初から採用しないほうがよいのではないかと思われるかもしれない。しかし、最適化に慣らされてしまった組織がまとまった期間で何らかの成果をあげていくためには、わかりやすいフレームが必要なのだ。そうした仕事のアウトラインがなければたちまち混乱して仕事が進まなくなる恐れがある。ここでもベイビーステップのつもりで手段を選択したい。

（4）線表で「意志」を可視化する

さて、ミドルにおける組織アジャイル、最後の要点はトップへのレポートである。ゴールの連鎖をもとに、トップへの定期的なレポートを行うことになる。組織によっては、ゴールの連鎖（ミッションシート）そのものを共有することで理解を得ることもできるだろう。ただ、多くの組織では伝統的なマネジメントスタイルから出発することになり、「トップの回転（トップでの組織アジャイル）」をいきなり期待するのは難しい。トップとのコミュニケーション手段は従来のスタイルに合わせなければならないのが現実的だ。

ただ、ゴールの連鎖によって組織目標との整合はロジカルにとれるため、あとはどう表現するかという話にはなる。組織によって表現方法は異なるが、ミドルマネジメントとしても作っておきたいものがある。それは、全体性を表現する「線表」である（図5－15）。

線表で表現したいことは、年間を通じてどのような取り組みを行うつもりなのか、そこにはどのような流れが存在するのか、という意志を可視化するものである。いつ何を実行するかをコミットする「スケジュール」ではない。あくまで適応によって組織運営を駆動するのは変わらない。綿密なスケジュールを事前に立てることも、想像で立てたスケジュールに現実を合わせることも意味がない。ただ、「いつ、どのような状態になっていたいか」という意志はあるはずだ。意志すらもないとすると、この先まったくもってどうなるかわからないということになる。最初は妄想に近いかもしれないが、そうした状態を徐々に確かにしていくのが探索適応の狙いである。

意志を可視化しておくことで、ミドル、ボトムにおける活動も拠り所を得て、プランが立てやすく

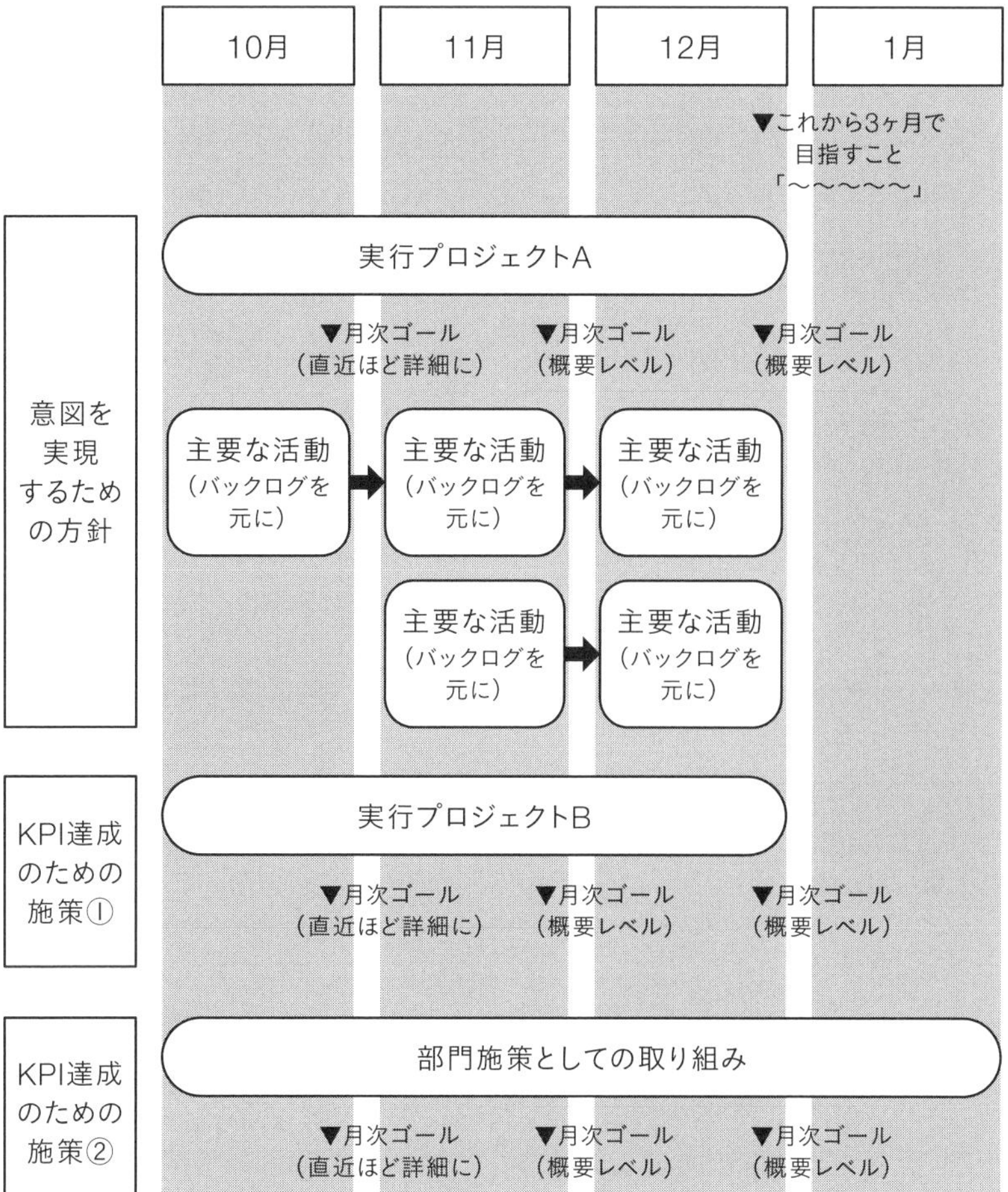
10月
11月
12月
1月
▼これから3ヶ月で
目指すこと
「〜〜〜〜〜」
意図を
実現
するための
の方針
実行プロジェクトA
▼月次ゴール
（直近ほど詳細に）
▼月次ゴール
（概要レベル）
▼月次ゴール
（概要レベル）
主要な活動
（バックログを
元に）
主要な活動
（バックログを
元に）
主要な活動
（バックログを
元に）
主要な活動
（バックログを
元に）
主要な活動
（バックログを
元に）
KPI達成
のための
施策①
実行プロジェクトB
▼月次ゴール
（直近ほど詳細に）
▼月次ゴール
（概要レベル）
▼月次ゴール
（概要レベル）
KPI達成
のための
施策②
部門施策としての取り組み
▼月次ゴール
（直近ほど詳細に）
▼月次ゴール
（概要レベル）
▼月次ゴール
（概要レベル）

図5-15　線表

なる。トップからしても、ゴールの連鎖のスナップショットだけを見せられても状況の判断ができない。ただし、あまり細かい内容にならないようサイズはA４一枚に収めるようにしたい。年間を表現するが、詳細になっているのは直近の３ヶ月で、それ以降の解像度は粗目になる（内容はもちろんゴールの連鎖と一致する）。

組織全体でアジャイルの回転を得る

ミドルの回転で述べたように、トップ（経営や事業部などの組織階層の最上位）でのアジャイルの回転を得るのは簡単にはいかないだろう。また、ここまでミドルとボトムは１対ｎの関係を置いてきたが、トップの回転を得るならば対応するミドルは一つに限らなくなる。まさしく組織全体が組織アジャイルの対象となっていく。理想としてはそこまでの到達を図りたいが、現実的には一本の「背骨」を組織内に通すことをまず目指したい。役員もしくは事業部長をトップとして、その下にミドルが一つあり、ミドルの傘下に複数のチームや部署が存在する構造での組織アジャイルの実践である。

大企業ともなれば、そうした構造は１本の骨組みに過ぎず、組織全体から見れば局所的になるだろう。しかしプロダクトで「ＭＶＰ」という概念があるように、組織アジャイルの実現においても**まず「一本の背骨」を通し、その取り組み実績でもって組織内に広げる算段を置きたい**。伝統的な組織では良くも悪くも「実績」がものを言う。一つの事業組織で上から下まで回転が連結する組織アジャイルを示すことができれば、組織内展開も大いに芽生える（アジャイルCoEの8つのバックログにおいて示した「ドミノ戦略」をここでも適用する）。

トップ、ミドル、ボトムから構成されるアジャイルの回転において最も着目しなければならないのは、**意図から方針、方針から実行への整合（ゴールの連鎖）と、実行から方針、方針から意図へのフィードバックループ（適応の連鎖）**である（図5－16）。ゴールの連鎖だけでは十分ではない。適応の連鎖が得られなければ組織アジャイルとは呼べない。適応なき組織に学びはなく、変化の機会も見失ったままとなる。

意図、方針、実行の連鎖を作るにあたっては、ひとつ忘れてはならない前提がある。それはトップ＝意図、ミドル＝方針、ボトム＝実行というのは中央集権的なものの見方で、実際には各層における意図、方針、実行の連鎖が存在するということである（図5－17）。

ミドルやボトムに意図がなく、ただ言われたとおりに方針を立てる、実行する、というメンタリティがいまだ最適化への最適化を引きずっている。だからこそ、合わせるべきはトップの意図とミドルの方針ではなく、トップの意図とミドルの意図同士なのだ（図5－18）。あくまで意図が合うことで、そのために必要な方針も的を射るものになる。そうでなければ、ミドルの方針がトップの意図通りになっているかを見るマイクロマネジメントに陥り、ミドルの意欲を削ぎ、創造性も失われることになる。

これは同じことがミドルとボトムの間でも言える。方針と実行ではなく、方針と方針を合わせることで必要な実行を導き出す。あくまで実行のプランを立てるのは現場だ。そのうえで、組織全体（ト

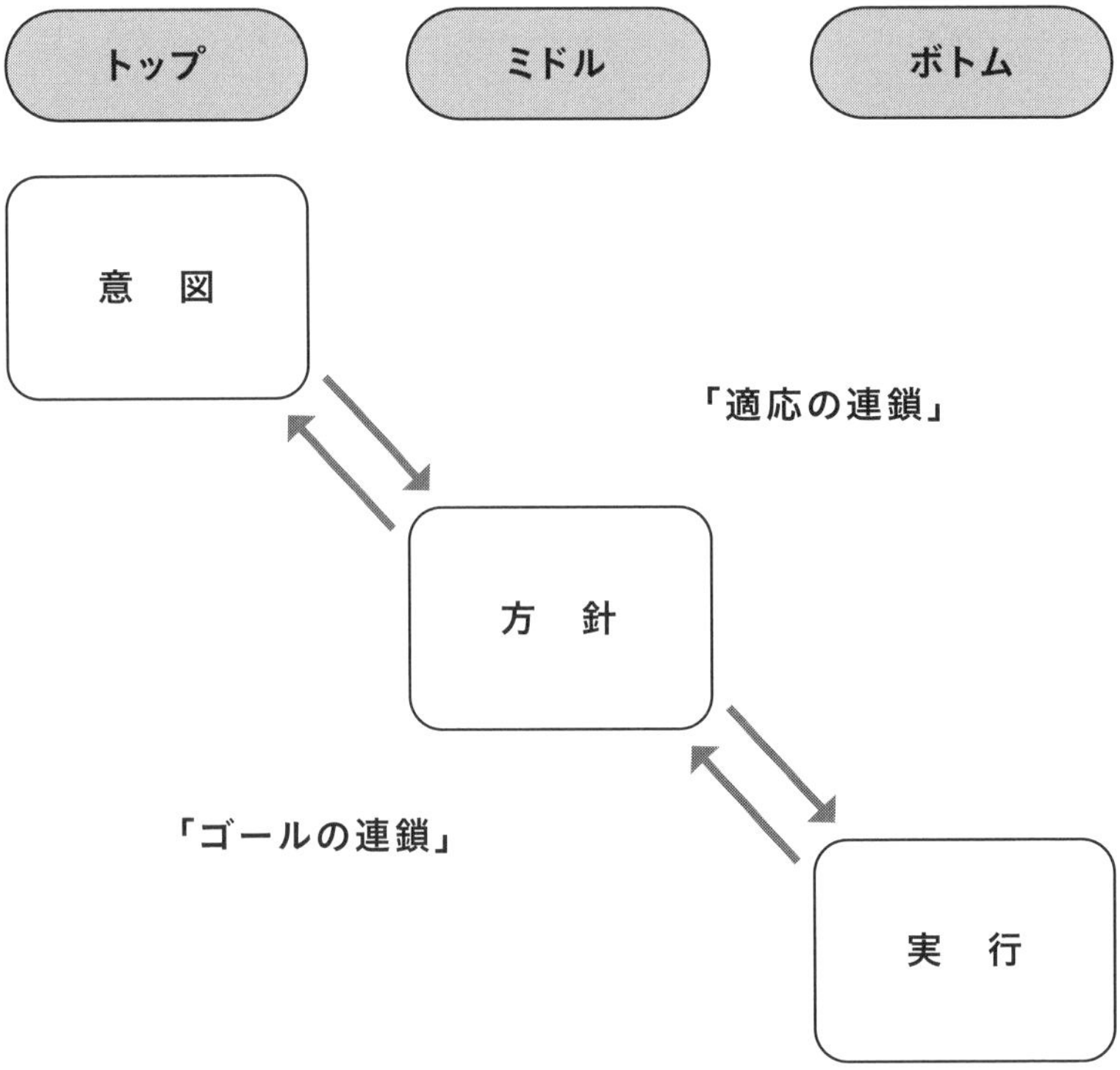

図5-16　アジャイルの回転におけるゴールの連鎖と適応の連鎖

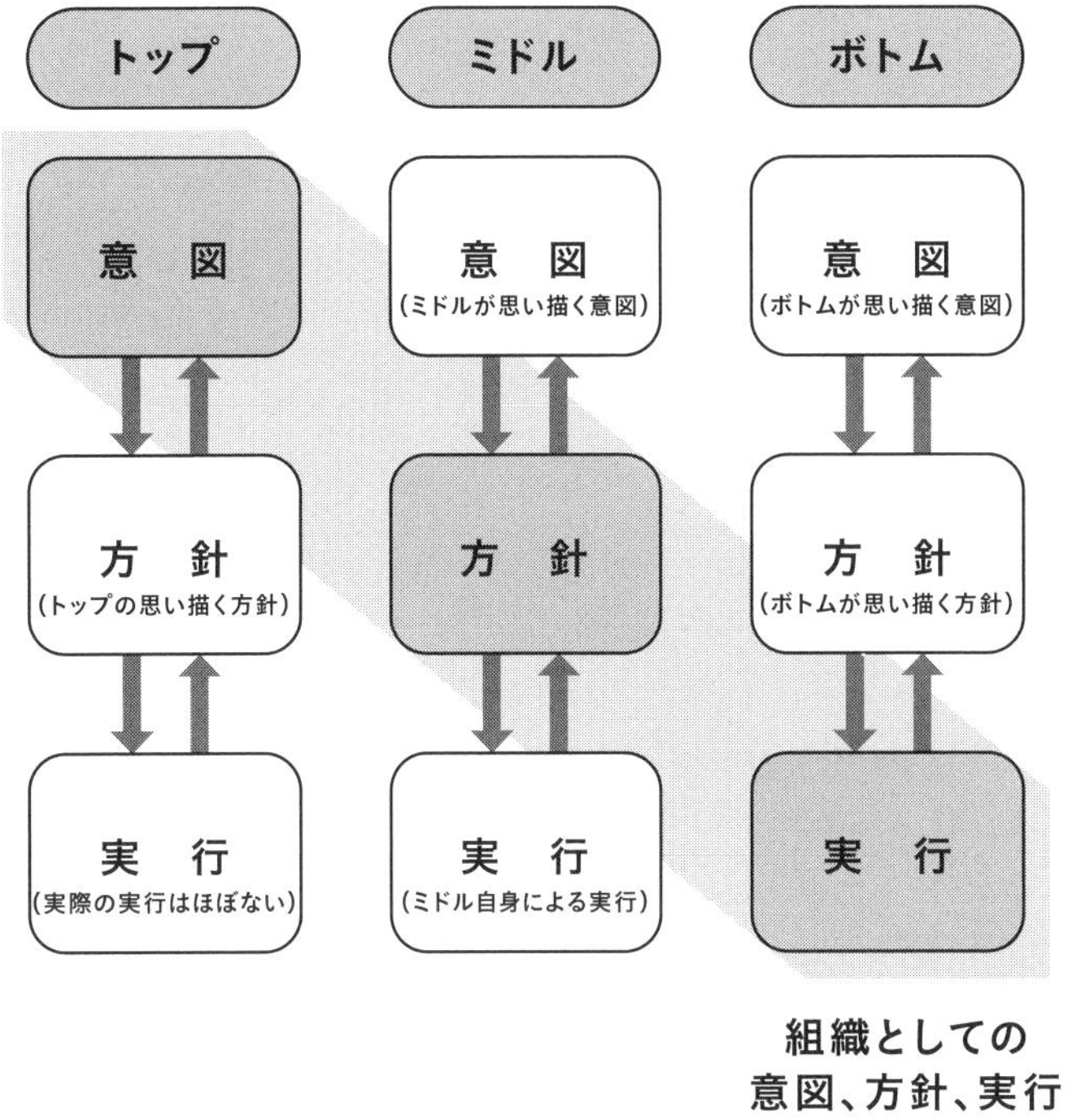

図5-17　各層それぞれに、意図、方針、実行の連鎖が存在する

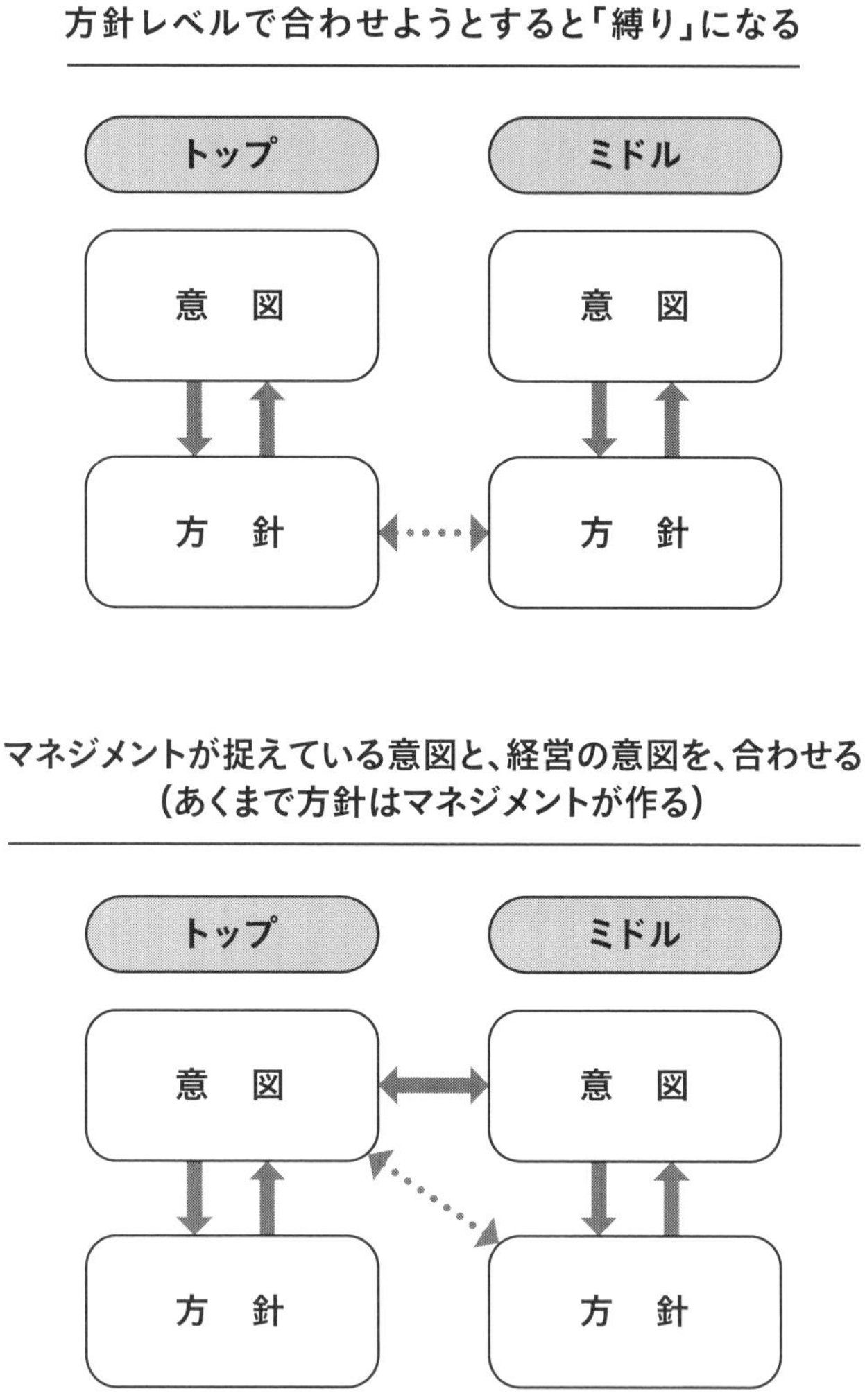

方針レベルで合わせようとすると「縛り」になる
トップ
ミドル
意　図
意　図
方　針
方　針
マネジメントが捉えている意図と、経営の意図を、合わせる
（あくまで方針はマネジメントが作る）
トップ
ミドル
意　図
意　図
方　針
方　針

図5-18　合わせるべきはトップとミドルの意図

ップ、ミドル、ボトム）での意図合わせの機会が必要となる。こうした意図を合わせる行為こそ、組織全体で取り組む〈むきなおり〉、すなわち〈むきあわせ〉である。

これからの未来に向けて、組織がどの方角をとるのか、限られた者だけが向き直ればよいわけではない。トップの示す意図に対して、ミドル、ボトムで受け止められる解像度には違いがある。日常の営みにおいて、この解像度を都度乗り越えて合わせていくのは現実的ではない。だからこそ、1年を通じて数度は意図的に解像度の違いを解消するための対話の時間をとりたい。組織によっては、トップと現場が直接対話を行うタウンミーティング（一方通行な会話ではなく対話型の集会）や、全社員が集まってテーマごとに対話を行うオープンスペーステクノロジー（話したいテーマを参加者が主体となって決め、対話を進める）といった手法を取り入れているところもある。

いずれもフラットな対話の時間を持つことで、組織内の意図を合わせること、また合わないところを認識することが狙いとなっている。意図が合っていないということがわかっていれば、その分対処のしようもある。問題なのは、意図が合っているのかどうかもわからないままでただひたすらに日常にあたっていくしかない状況である。成果への到達はいつまで経っても遠いままとなる。

意図合わせが重要な理由は、ＯＯＤＡループ（ＯＯＤＡ＝Observe：観察、Orient：情勢への適応、Decide：意思決定、Act：行動）を用いて説明ができる（図５－19）。ＯＯＤＡループはもともとは航空戦に臨むパイロットの意思決定と行動を対象とした理論である。状況を捉えて適切な判断と行動を機動的にとっていく必要があるのは、航空戦に限らず組織活動においても同様である。ゆえに、ＯＯＤＡループの適用を組織運営上の標語として掲げることは珍しくない。

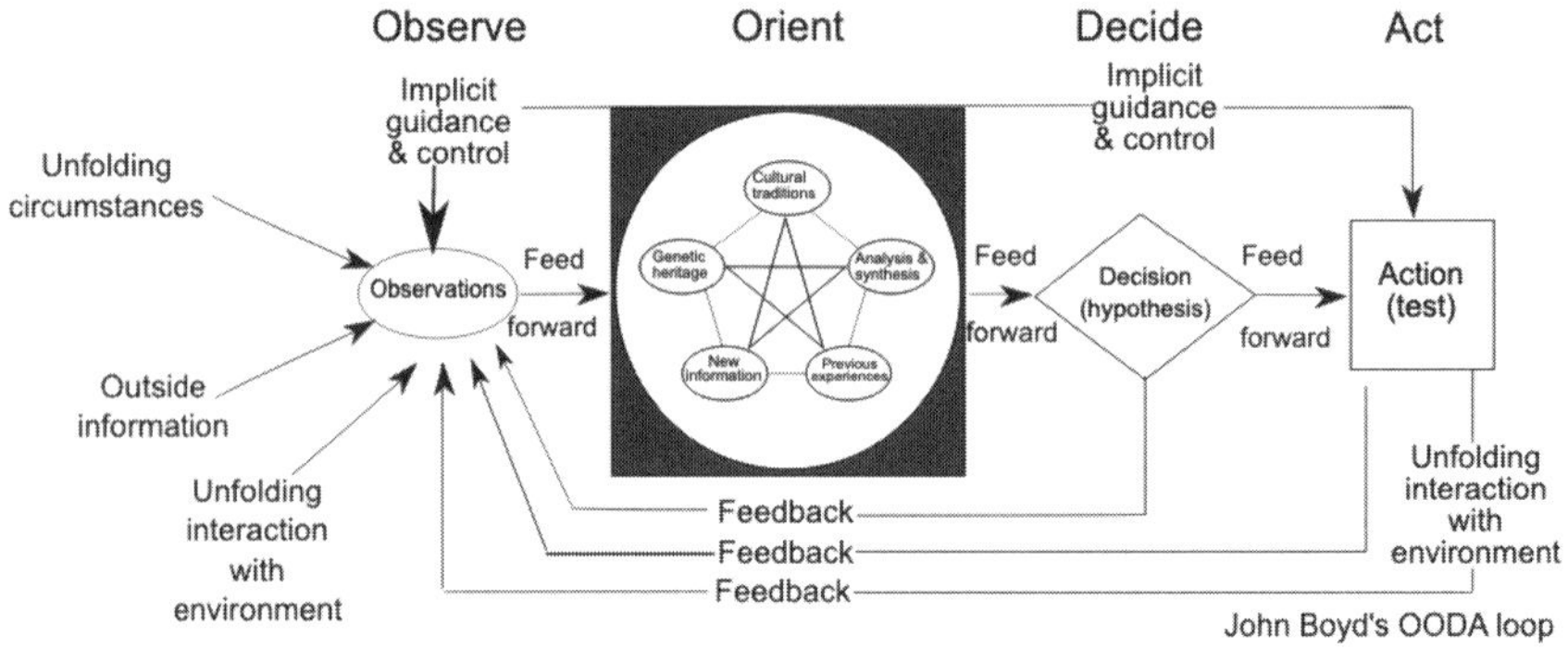

出典：https://ja.wikipedia.org/wiki/OODAループ

図5-19　OODAループ

ＯＯＤＡループの概念はそのとおりであるが、留意しなければならないのは、組織での適用をイメージするにあたって**ＯＯＤＡのループは一つではなく、組織体ごとに存在する**ということである。トップにも、ミドルにも、ボトムにも、もちろん、チームや部署ごとにループが存在することになる。そうでなければ組織全体の機動性はいつまで経っても向上しない。「情勢への適応」はミドルで行い、「行動」のみボトムで担うといった運用にすると、ボトムは意思決定を待ち続けることになる。まさかそんな硬直的な体制で立ち行くはずがない。それぞれの組織体が自律的に考え、動くからこそ、組織の機動性は高まる。

しかし一方で、容易に想像がつくのは、組織全体がそれぞれのＯＯＤＡループに徹してしまうと、てんでばらばらで組織全体としての成果があげられなくなる状況である。ゆえに、O_1O_2ＤＡのうち、2つ目のO_2（情勢への適応）は各組織体で適宜合わせておく必要が出てくる。O_2がまったく同期されないまま進展していくと、組織活動は混乱し取り返しがつかなくなってしまう。逆に、ここが合っていれば、O_1（観察）の結果をどう解釈し方向づけるのか、各組織体で自律的に行うことができるようになる。その分、Ｄ（意思決定）、Ａ（行動）も速度を保てる。**このO_2の適宜の合わせ込みこそ、組織としての方向づけ、意図を合わせる〈むきなおり〉にほかならない**（図5－20）。むきなおりによって、各組織体の自律性を育み、組織全体のアジリティを高めよう。

全員でむきなおりを行うにあたっては、捉えられる解像度の違いを対話によって乗り越えていくことを提言したが、もうひとつ組織全体で意図合わせを下支えするフレームが存在する。それは**「From-To」で意図を捉えることである。**つまり、どこから（From）どこへ（To）向かうのかで意図を

O_1O_2DAの「O_2」(Orient／方向づけ)を合わせる

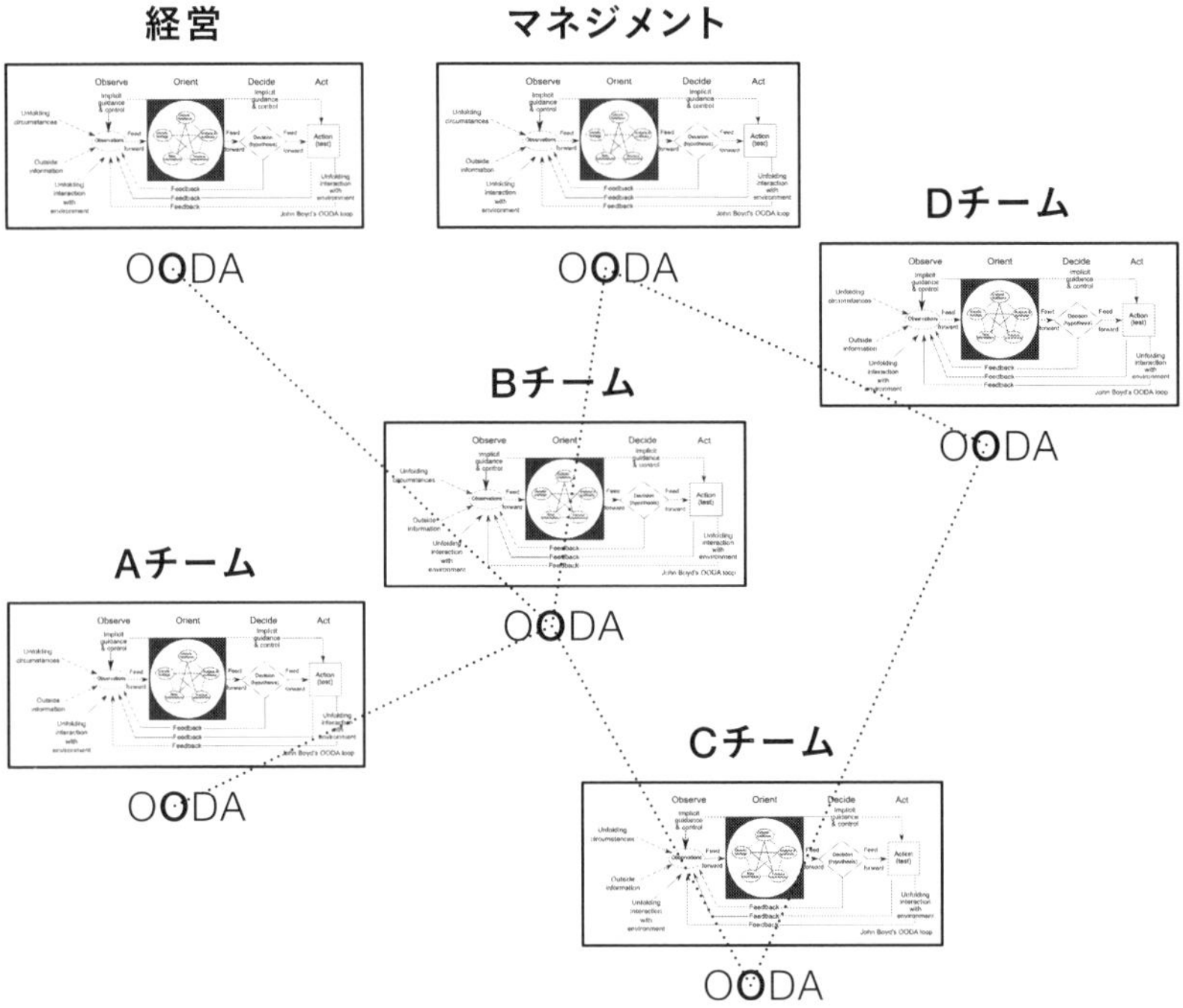

図5-20　O_2の合わせ込み＝〈むきなおり〉

表すことである。

たいてい組織が描く意図とはToのみのことが多い。どうなりたいか、どうありたいかを、真新しい言葉を用いて表現することになる。そうした借りてきた言葉だけで意図を表しても、受け止める側の理解は追いついていかないし、自分たちごとになりにくい。

あくまで、私たちは「これまで」があって、「これから」へ向かう立ち位置にある。Fromが伴うことで、そこで説明する意図とは常に自組織の話になる。Fromがなく、Toしかなければ、おそらくほかならぬ自組織ではなくても成り立つお話になってしまうだろう。

そうして**FromからToへの流れが示されることで、そこにある差分（ギャップ）を明確に捉えることができる。差分がわかれば、今何をするべきなのかの方針を立てることもできる**（図5－21）。

さて、組織全体でアジャイルの回転を得るには、ここまで述べたとおり相応のリソースを費やすことになるだろう。意図、方針、実行の双方向の連鎖。言葉では簡単に示せるが、これを実際に組織で実装するには現段階では人力でまかなうところが多く、手間を要する。

手間を減らすためには手段選びも大切なことだ。たとえば、組織の階層を表すバックログのマネジメントツールとして何を選ぶか、こうしたことも組織アジャイルの後押しとなる。まずもって組織全員が使うツールとなれば、一部の人の趣味ではなく、また新しければ良いわけでもなく、組織の誰もが理解できる、リテラシーに適したものを選びたい。

アジャイルの回転をつなぎ、そのつながりを維持するのに貢献するのはツールだけではない。大きく寄与することになるのは**「関心」**である。バックログを構造化することは情報の整理であって、そ

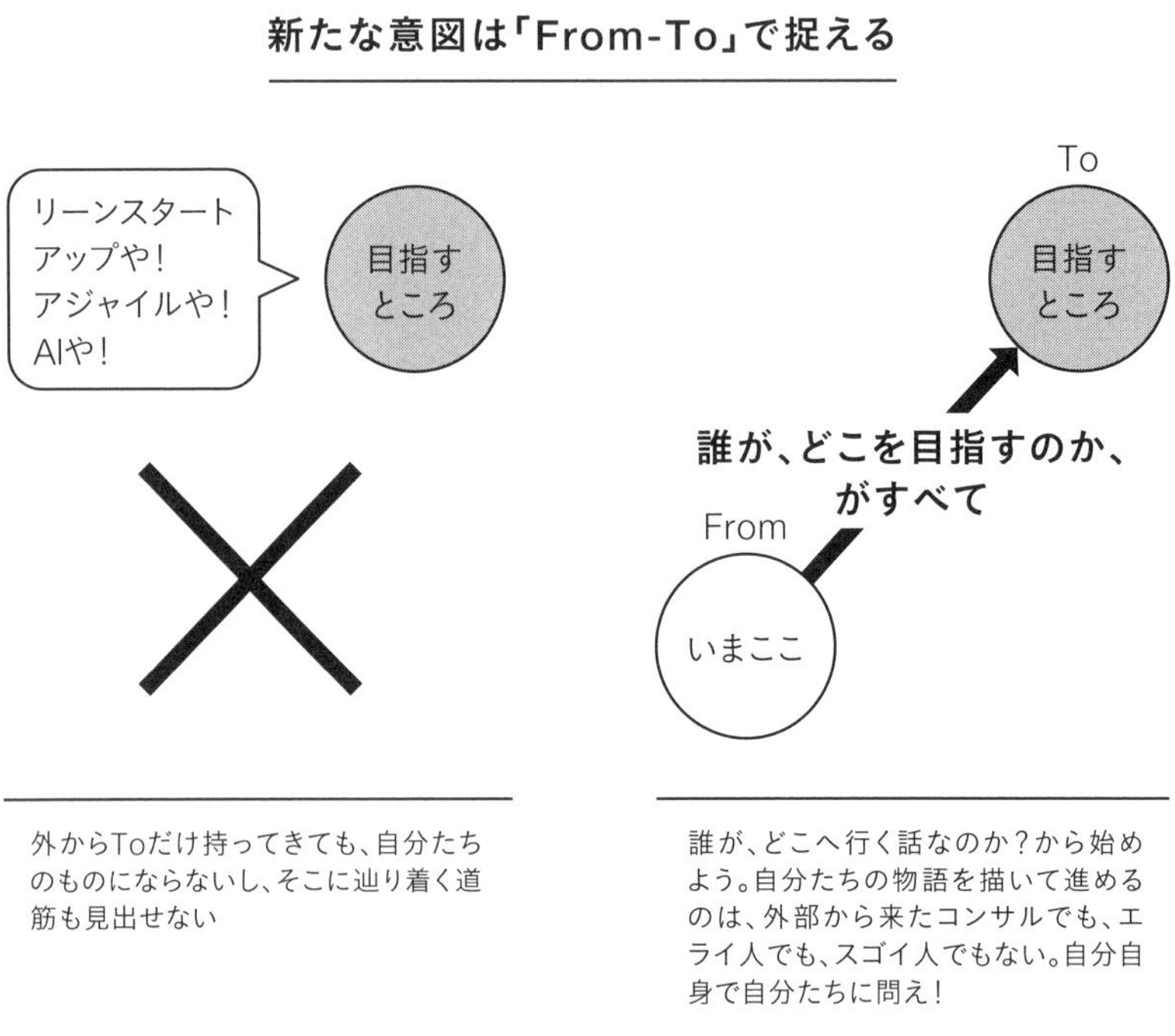
新たな意図は「From-To」で捉える
リーンスタートアップや！アジャイルや！AIや！
目指すところ
To
目指すところ
誰が、どこを目指すのか、がすべて
From
いまここ
外からToだけ持ってきても、自分たちのものにならないし、そこに辿り着く道筋も見出せない
誰が、どこへ行く話なのか？から始めよう。自分たちの物語を描いて進めるのは、外部から来たコンサルでも、エライ人でも、スゴイ人でもない。自分自身で自分たちに問え！

図5-21　新たな意図を示すにはFrom-Toが必要

れがすなわち組織を動かす原動力になるわけではない。わかりやすくなるということだ。組織体がお互いにつながりを得て、動き続けるためには、相互の関心が欠かせない。

しかし、一度意図合わせを行えば関心が芽生え、持続できるというわけではない。**関心の形成と維持のためには「反復活動（スプリント）」が欠かせない。**あるチームの中でのスプリントレビューやふりかえり、ミドルと現場の間でのスプリントレビュー、トップとボトムの間でのレポーティング。いずれもタイムボックスをもって繰り返し行うことになる。

もちろん、そうしたイベントをただ繰り返していればいいわけではない。こうした反復の中でお互いの接点があり、取り組みについて向き合い、フィードバックをあげることで「関心」は育まれていく。ただ進捗の説明だけを階層長にあげるだけで何もコメントもフィードバックもないような状況で、相手への関心が高まることはないだろう。逆にその反復すらなければ、階層長など当事者以外の関係者が情報に接する機会は失われ、関心が芽生えることもない。

組織を一つの人体に例えるなら、関心とは「血液」にあたる。反復（スプリント）とは「鼓動」である。鼓動があるからこそ血液は送り出され、人体を動かすことができる。組織もまた、鼓動を得るからこそ関心が芽生え、組織として変わる可能性が得られることになる。**スプリントの数だけ、私たちは変わるチャンスを手にする**ということなのだ。

最後に、ミドルの担い手に向けて伝えておきたいことがある。最適化を伝統的に続けてきた大きな組織においては、トップといかにアジャイルになっていくかが最大の課題となるはずである。本書を通じて訴えてきた最適化に最適化した組織の問題や、探索適応の意義とその方法、これらについて理解をトップとともにするには相応の時間が必要となる。だからこそ、ミドルとしてのスプリントを積み重ねてほしい。先に述べたとおり、回転の数だけ私たちは変化を作り出せる可能性がある。

より具体的には、トップとのあいだでまずバックログを作ることを目指そう。精緻に作られている必要はない。無理をしてツールに当てはめようとする必要もない。トップとのあいだで、最適化組織の課題、探索適応組織になるために必要な施策（アジャイルCoEの8つのバックログ）、あるいは組織としてこうなりたいという願望について言語化し、それを一つ二つ積むことから始められたら、まずはそこからでよい。あとは、ミドルとボトムの回転を得て、継続的にその取り組みについての状況を示していく。繰り返し、繰り返し、回転の力を借りて臨む。私たちが唯一拠り所にできるのは、この回転が生み出す探索と適応の機会にほかならない。

その回転のなかでトップと特にともにしていきたい命題がある。それは、組織の存在意義についてだ。トップを含めた組織全体が何のために存在するのか。それは、組織の外にある顧客、さらには社会のためにほかならない。つまり、顧客や社会への貢献のために組織は探索適応のあり方を備えられなければならない。こうした状態に向かうことを止めるような理屈がどこにあるだろうか。**組織を変える最後の拠り所は、組織の外にこそある。**顧客や社会への貢献とは何か、そこで果たすべき大義とは何か、トップとのあいだで見出していくべきこととして他にはないのではないか。

5-3 組織の芯はどこにあるのか

いよいよ本書の最後の節を語っていくことにしよう。私たちの組織が組織アジャイルを得て、これからどこへ向かっていく可能性があるのか。そして、組織アジャイルにあたっての組織の芯とはどこになるのか。

組織アジャイルが辿り着くかたち

前節で述べたとおり、アジャイルとなるということは、それぞれの組織体が自律化することである。いちいち指示がなくても自ら判断、実行し、その結果からの適応を得て、学び、次の意思決定をより良いものに仕立てていく力を宿すことになる(自己組織化)。このように捉えると、組織アジャイルによって組織を構成するチームや部署は2つの特徴を備えていくことになる。ひとつは、それぞれが組織の中で微細な存在でありながら独立的となること。とはいえ単にばらばらなままでは組織としての成果をあげられない。もうひとつの特徴が同時に必要となる。ふたつ目は、組織活動の全体性をかたちづくるために必要な関係性（関心）を反復によってつながりを得て、成り立たせること。この2つの特徴を備えた組織体のことを、最小の独立した存在でありながら全体性に寄与するという意味で**〈アトミックな組織（原子的な組織）〉**と呼びたい。

組織に必要な階層構造、つまり情報解像度の管理はバックログで代替することができる。つまり、階層という概念を組織体に背負わせる必要がなくなるとしたら、アトミックな組織同士は本質的にフラット化することになる。トップ、ミドル、ボトムと繰り返し言葉を用いてきたが、これらの言葉に内在している「空間的な上下の位置づけ」をもたせる必要も特になくなるということだ。あくまでバックログでやりとりができればよいとなる。

もっと言うと、この関係性は組織体にだけではなくて、組織と個人のあいだにも芽生えるかもしれない。個々人がそれぞれ意図、方針、実行を担いながら、互いのあいだはOODAループでいう2つ目のO（方向づけ）を合わせることで、全体としての意味をなす導きを得る。組織アジャイルによって、私たちは自己組織化のさらに向こうにある「個々人の自律化」、つまり自律分散組織（DAO）をより現実のものに引き寄せられるかもしれない。方向づけに対する個々人の貢献を客観的かつオートマティックに評価できる仕組みが得られれば成り立つ話だ。逆に言うと、そうした仕組みがなければ個人レベルまで分散したOODAが綜合されて意味をなすのは難しい。

少し現実へと戻ろう。突き詰めると、組織のアジャイル適用にあたって要は2つになる。**反復の刻みと解像度の調整**である。反復の刻みがなければ、探索からの適応、適応からの変化が得られない。そして、解像度の調整がなければ、反復を繰り返すのが大変な負荷となる。この両者が、どの程度の刻みと、解像度の粒感を設計していくべきかは、最終的に組織によって異なってくる。From-Toのフレームで述べたとおり、どこからどこへ向かうのかという差分の大きさによって変わる（差分が大きいほど反復を刻む数は増え、解像度の階層も増えることになる）。だから、唯一絶対の組織アジャイルの方法などは存在しようがない。あるのは、ここまで述べたフレームと、そのうえで個別に設計する「各組織の組織アジャイル」という具体になる。

アジャイルの回転が組織の外も変える

組織アジャイルが向かう先にはもうひとつ方向性がある。それは、組織の外との回転だ。つまり、組織を取り巻く社会、組織との接点を持つ顧客、ステークホルダーとのあいだで形成する回転である。**アジャイルの回転には、そこに巻き込まれる相手にも回転の影響を与えていく作用がある。**

一週間スプリントで回しているなら、顧客組織にも一週間という単位での活動を要請することになる。そして、組織間での共通認識はバックログが用いられることになる。両者の取り組みにおける適応は、自組織だけではなく、回転をともにする顧客組織にも求められていくことになる。

まさしく噛み合うギアのように、一つの回転が相手側に回転の力を与えていくことになる。回転が次の回転を生み出す。異なる組織間でのアジャイル、〈フラクタル・アジャイル〉の広がりは、組織を越えて連鎖していく可能性がある。その広がりには際限はあるのか、その広がりは社会へと至りはしないのか。私たちは、日本という社会がアジャイルになる夢を見ることもできるのではないか。

こうした妄想こそが、探索適応に広がりと奥行きを与えていくことになる。**妄想は「越境」を支える。**

ここで言う越境とは、これまであった「認識」を意図的に越えていくことである。自分の、組織の、社会のこれまでの認識を越える。スマートな言葉を選ぶなら、新たな価値観や世界観を創出するということだ（実現するまでは妄想と変わらない）。認識を越境するからこそ、新たに探索しなければならない領域が圧倒的に増える（図5－22）。

DXも脱炭素社会への取り組みも、認識の越境にほかならない。デジタル化が進んだ社会に組織として適応していくこと。炭素排出量の削減自体を価値の判断基準として捉えること。いずれも、価値観や世界観がこれまでと一線を画している。だからこそ、組織は圧倒的な「わからなさ」に一気にさらされ、探索と適応が求められるのだ。世界を新たに捉えるために、自分だけの仮説を立てよう。そのための越境を。組織の中においても、組織の外に向かっても。**越境しよう。**

アジャイルの回転には可能性がある。どうすればそんな回転を生み出し始められるのか。まず何よりも最初の回転をあなた自身で作らなければならない。経営でも、ミドルマネジメントでも、隣りのチームの誰かでもない。自分以外の誰かに期待を寄せた時点で自律性を手放している。あなたと組織にある可能性は、誰かが運良く掘り起こしてくれるのを待つよりほかなくなる。

何もいきなりフラクタル・アジャイルを作れと言っているのではない。ミドルの回転を始めよと言うのでもない。まず、自分の手が届く範囲で回転を作る。一人から始める。チームで一周目を回す。一周目を回せば、必ず最初の「ふりかえり」を迎えることになる。どんな結果であろうと、最初の適

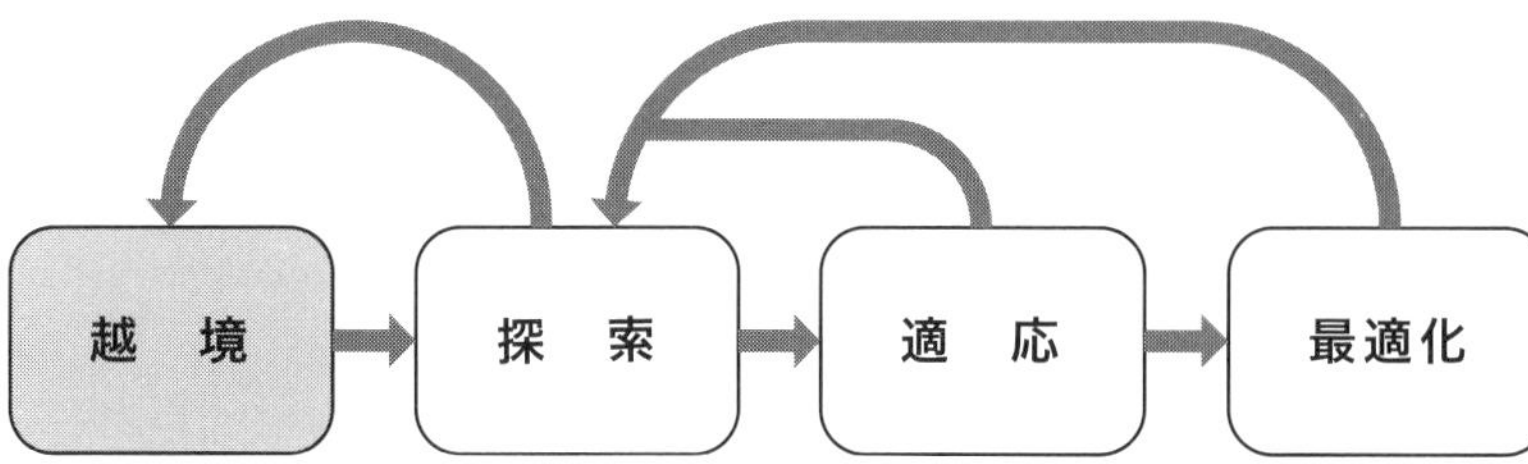

図5-22　越境

応を手にすることになる。

一周目の結果をもっとより良くするためには？　あなた自身で、チームで、ふりかえりをしてほしい。**一周目は二周目のために存在する。**二周目はその次の周のために存在する。回転を続けるかぎり、適応は続き、より良くなるチャンスを手にすることになる。少しずつ少しずつ、自分たちの行動から学びを得ていく。そう、「アジャイルになる」には、「アジャイルに取り組む」ことなんだ。見様見真似からでも構わない。取り組む過程と、その結果から学び直す意思が確かにあれば、やがては辿り着くことができる。

求心力と遠心力が回転を支える

アジャイルに取り組むにあたって、あなたは2つの力を意図的に効かせる必要がある。**ひとつは求心力、もうひとつは遠心力だ。**組織で新たな活動を始めるには、最初は極限まで密度を高めた求心力が必要となる。組織に理解してもらうためには、わかりやすい結果が必要だ。わかりやすい結果を得るまでは、取り組みへの集中と反復に徹する必要がある。そうでもなければ結果は出ない。それは漫然とした回転などではない。一周一周で着実に前進が期待できるよう、準備と学びの獲得に執念深く臨む必要がある。

求心力を高めていくためには、場作りが大切になる。あなたとチームもしくは部署が、仕事について向き合うための機会がアジャイルにはいくつも用意されている。スプリントプランニングで到達したい地点を認識し、チームで協力してそこに辿り着くための算段を立てる。日々の小さなコミュニケーションの機会で、お互いの調子を把握し、問題の解消に即座に動く。スプリントレビューで成果を分かち合い、ふりかえりでより良くなるための作戦を練る。そして、むきなおりで自分たちの仕事の意味を再確認する。そうした機会が自分たち自身の取り組みを励まし、勇気づける場となっていく。そう、**アジャイルには、人を鼓舞し、前進させる仕組みが内在している。**意欲的に回転させることが、その求心力をおのずと高めていくことになる。

ただし、求心力だけでは組織にあなたの実績と希望が広がっていくわけではない。取り組みを伝えるための働きかけを同時にとっていく必要がある。小さな結果が得られたところで、社内に発信しよう（チャット上でもブログでも何でもよい）。さらに結果が積み重なったら、社内にそれを伝える場を作ろう（勉強会でも共有会でも何でもよい）。

確かな回転のためには求心力が必要で、それを組織内に伝えるためには遠心力を同じく意図的に効かせる必要がある。今日取り組んだことを明日には他の誰かへと伝えるつもりで、自分たちの経験を知識へと翻訳する。**あなたが得た知識と結果を正確に伝えられるのは、あなた自身をおいて他にはいない。**自分たちが取り組んだことを組織の中に伝えるまでを、ひとつの仕事として捉えよう。

こうした二つの力を集めやすいのが、実は「プロダクト」である。触れる、使える、顧客に提供していけるプロダクトの存在感は、求心力にも遠心力にもなりえる。「こんなことができるのか」「どのようにしてこんなことができたのか」「これは顧客にも提供できるのか」　圧倒的に結果が見えるようになり、周囲の期待を引き寄せることができる。そう、モノが存在することで、良い意味で組織を振り回すことができるのだ（ただし、遠心力を効かせすぎると、自分たちが回しているつもりで、逆に周りによって振り回されることにもなりうるので注意が必要だ。プロダクトやその技術、プロセスが独り歩きし始めると、期待のマネジメントが手に負えなくなりかねない）。

私たちは顧客を変えるために新たなサービス、プロダクトを生み出そうとする。だからこそ、人の役に立つ、あるいは意味があるものとなるように、探索し適応を繰り返すのだ。そして、プロダクトは顧客だけでなく私たち自身や組織を変えるための中心にもなりうる。**プロダクト作りによって、私たち自身がその状況に適応していくことを促すことになる。**その結果として、組織が探索と適応に踏み出す入り口を作ることができる。

一方、自分のいる部門はプロダクトからほど遠いところにいる、この話は当てはまらないという人もいるだろう。諦める必要はない。それでも作るのだ。要点は、「ともに作る」ということだ。部門で使う業務ツールでもいい。ノーコードツールを使って作るのでもいい。あるいはガイドでも、チェックリストでもいい。何らかのアウトプットを生み出すための回転を始めよう。その過程が探索と適応のすべを学ばせてくれる。その成果が組織の中にアジャイルへの期待を引き寄せることになる。

組織アジャイルの4つの価値観

ここまでの説明で、ようやく「アジャイルソフトウェア開発宣言」を組織アジャイルとして読み直すことができるようになる。アジャイルソフトウェア開発宣言とは、アジャイルの始まりにあたるステートメントである。アジャイルにはいくつかの流派があると第2章で述べた。それらのあいだで「アジャイル」という言葉によって認識できる「共通性」を表したものだ。

プロセスやツールよりも個人と対話を、
包括的なドキュメントよりも動くソフトウェアを、
契約交渉よりも顧客との協調を、
計画に従うことよりも変化への対応を、

価値とする。すなわち、左〔上〕記のことがらに価値があることを認めながらも、私たちは右〔下〕記のことがらにより価値をおく。

アジャイルソフトウェア開発宣言
https://agilemanifesto.org/iso/ja/manifesto.html

組織をアジャイルにする文脈で、この宣言を下部から読み解き直したい（ステートメントとしての洗練さよりも、何を価値として置くのかが適切に伝わることを優先して言語化している）。

1. **「計画に従うことよりも変化への対応を」とは、「最適化に従うことよりも探索と適応を」価値とする**

最適化への最適化を歩んできた組織が、探索と適応のすべを身につけることで、顧客や社会への新たな貢献を果たせるようになる。これは本書の主旨にあたる。

2. **「契約交渉よりも顧客との協調を」とは、「これまでの前提や判断基準よりも他者とのあいだで新たに得られた関係や可能性を」価値とする**

探索、さらには越境によってこそ得られる他者との関わり。それは、組織内あるいは組織の外部とのあいだで得られる、それまでにはなかった可能性にほかならない。

3. **「包括的なドキュメントよりも動くソフトウェアを」とは、「固定化した文書よりも利用ができるアウトプットを」価値とする**

プロダクトや使えるアウトプットが、組織の中での変革への求心力にも遠心力にもなりうる。

4.「プロセスやツールよりも個人と対話を」とは、「プロセス、ツールよりも個人と対話を、そしてそこから生まれる互いの関心を」価値とする

組織の中で理解を得て、つながりを作り、活動し続けるためには、相互の関心が前提となる。関心は繰り返しの接点、そこでの対話から育まれていく（宣言を下部から読み直したのはこの項を最も強調したかったためである）。

上記のことがらに価値があることを認めながらも、下記のことがらにより価値をおくということは言うまでもない。トップからミドル、ボトムまで、組織全体で組織アジャイルに臨むに際しての共通の価値観として持てるようにしたい。こうした価値観の取り込みはアジャイルＣｏＥのバックログで扱っていきたい。

組織のすべての箇所が芯になりうる

組織における最初のアジャイルの回転は、あなたから始まると述べた。つまり、あなたがアジャイルの回転を始められるならば、それは組織の至るところで、誰もが回転を作ることができるということも示唆している。

組織がアジャイルになっていく、その中心、芯とは、組織の中でより良い状況を作り出そうとするすべての箇所が該当する。あなたがいるチームでも、あなたの取り組みを知った隣の部門も、あるいはミドルの階層長でも、さらにその上の経営層においても、アジャイルの回転は始まりうる。もっと言うと、チャットに投げ込んだ一言からでも始まりうる。これまでの認識を乗り越えようとする、あらゆる越境から回転は始まる。

本当にそんなことができるのだろうか？　不安や懸念はいくらでも挙げられることだろう。「組織初」の試みにほかならないのだから。立ちすくませるには十分だ。だからこそ、まず最初から組織にアジャイルを宿そうなんて思わなくていい。何かを成し遂げなければならないと追い込む必要もない。何しろ数十年分の組織の「認識負債」を返そうという取り組みになるのだから。いきなり背負おうにも背負うことはできない。たった一人では辿り着けない。組織がアジャイルになっていく、そのための方向へとみんなで向かっていこう、そうあろうとする姿勢がありさえすればよい。傾きがゼロではないかぎり、必ずいつかどこかには辿り着ける。

そうあろうとする自分を支えることになるのは、「自分は何者なのか？」という問いだ。自分は、そして同じ組織にいる仲間を含めて、自分たちは何者なのか。組織を取り巻く社会や環境に自分たちは何者としてその役割を果たしていくのか。この問いに答え続けようとするかぎり、組織が向かうべき方向を見失うことはない。

自分たちが何者かを答えるためには、もう二つの視点を加えるとよい。それはFrom-To、どこかからどこへ、の視点だ。自分たちはどこから来てどこへ向かおうとしているのか。今ここの出発地点と、向かいたい先が捉えられているからこそ、自分たちがどうありたいのかが定まる。ただ、それも永遠の定まりなどにはならない。ならないものを、そうとしてしまったところから組織は最適化への最適化で立ち止まってしまうことになった。もう歩みを止めてはならない。

私たちはアジャイルの回転のなかで、自分たち自身をふりかえり、そしてむきなおり続ける。その回転の中で、自分たちが何者なのかを理解し続ける。そう、問いへの答えは変わり続けていくことになる。自身に向き合い続けるかぎり、組織は、私たちは、変わることができる。

組織の芯を捉え直す問い

- **他部門や他チームに働きかける際のスタンスを再確認しているか？**

「組織アジャイル適用7つの原則」を見直し、どこまで意識ができているかを点検しよう。

- **組織にアジャイルを広げるために必要となる取り組みを整理できているか？**

「アジャイルCoEの8つのバックログ」を確認し、どこまでできていて、これから何に取り組むべきか、話し合おう。

●ミドルでのアジャイルを始めるにあたっての指針を持っているか?

「ミドルの回転4つの方針」について、どのように実現するかを話し合ってみよう(やるべきことを組織のバックログとして捉え、マネジメントする)。

●トップに何を伝えられれば、組織アジャイルを展開できるか?

偶発的な取り組みを続けるだけでは展開は進まない。トップに何を伝え、どのような意図で組織アジャイルを実現するのか、作戦を練ろう。

●組織の意図を「どこから(From)」「どこへ(To)」向かうのかで捉えられているか?

Toを真新しい言葉を使っただけのありたい姿になっていないか。また、Fromに引きずられ過ぎてこれまでと大差がない意図になっていないか。

●組織の芯はどこにあるのか?

自分たちの「芯」をどこから作り始めることができるか。最初の「越境」について、チームや部署で話し合おう。

付録1

組織の芯からアジャイルを宿す26の作戦

1 2つの変革を同時に取り組む(両利きの変革)

デジタルトランスフォーメーションとは、「提供価値の変革(CXの向上)」「組織内部の変革(EXの向上)」に同時に取り組む「両利きの変革」と言える。新たな価値創出に挑み、その取り組みを組織的に仕組み化することで、組織内部の変革へとつなげる。あるいは、組織内部のプロセスや業務の再定義に取り組むことで、組織外部に提供する価値の変革へとつなげる。2つの変革は相互作用的であり、一方の取り組みを他方へとつなげることを意図する。

2 3つの最適化の「呪縛」を捉え直す

組織をこれまでの思考と行動で呪縛する最適化が3つ存在する。「方法」「体制」「道具」の観点について、過度な最適化となっていないかを捉え直す。

3 組織は戦略に従い、戦略は意図に従う

組織とは、その存在意義を果たすための「意図」(狙い、目的)があり、意図を果たすために「方針」(戦略)を立て、その方針に則った「実行」の遂行にあたるための仕組みである。意図、方針、実行の各段階がどのような状態にあるかを言語化し、組織内でどこまで共通の認識となっているかを想定する。そもそも言語化ができなかったり認識が合っていなかったりといった組織内の「認識負債」について検出し、

その打ち手を講じていく。

4 手元から始める、一人から始める

組織のアジャイルに取り組むには、「自分の手元から始める」そして「一人から始める」。手元から始めるにあたっては、「期間」「範囲」「リスク」の条件が限定的、寛容なところで臨む（実験的なプロジェクトなど）。さらに、アジャイルのプラクティスをまずは自分ひとりで取り入れて練習する（見える化、ふりかえり、むきなおり）。然るのちにチームや部署への展開を行う。

5 組織を「一人の人間」のように見立てる

組織を一人の人間のように見なしてその動きをなめらかにしていくことをイメージする。意図、方針、実行においてつながりが悪い、時間がかかる箇所がないかを推定する。そして、組織としての一つひとつの動きが機敏に、何よりも自分たちの意図したものとなるように、分断、ボトルネックの解消に動く。

6 探索と適応と最適化を周回する

探索と適応、そして最適化の周回を作る。探索とは、「学び」を得るための仮説検証や試行の活動であり、適応とは、探索の結果から得た学びにもとづき、意思決定と行動をより適したものとなるよう変えていくことである。

7 始めるよりやめるほうを先立たせる

たいてい、何か新たな取り組みを始めようにも「その時間がない」といった声があげられる。新しい取

り組みを積み上げる前に、「やめられることは何か」という観点に立ち、仕事の「断捨離」から始めるようにしたい。

8　バックログでチームの「脳内」を表す

いま取り組むべきものについて、チームや部署内で共通の理解を得るための「可視化」、さらに粒度を合わせるための「構造化」、何から取り組むのかという「順序付け」を行うことで、チームの脳内を整えて行動を揃える。チーム脳をバックログとして外在化するからこそ、判断や行動の「留保」ができる。

9　〈重ね合わせ〉〈ふりかえり〉〈むきなおり〉の段階を辿る

組織アジャイルの3つの段階〈重ね合わせ〉〈ふりかえり〉〈むきなおり〉のを段階的に辿る。3つの段階を繰り返し実施することで、「次は何をすればいいのか?」といった意識が組織に不要となるくらい自ずの動きになることを目指す。

10　同時に取り組む課題を一つに絞る「一個流し」

複数の課題を扱うことで、解決まで相応の時間がかかることになる。2〜3スプリント先で3つほどの課題解決が得られるよりも、1スプリント目で最初の課題が解決できるほうが即効性がある。

11　組織アジャイルの成熟度を測る

組織がどれほどのアジャイルに到達しているかを測るために、以下の5つの基準を用いる。（1）「自己管理（セルフマネジメント）」（2）「見える化」の到達（3）「安定した実行力」の獲得（4）「学習の仕組み化」（5）「自己組織化」

12 動的な動きを捉えるために仕組みも動的にする

プレゼンテーション資料だろうと、ワード文書であろうと、ドキュメントのような固定的な情報では組織を適切に動かすことができない。意図も方針も行動もすべて、取り組みのなかで動き、変わっていく。人と人とのあいだをつなぐ、ひいては組織の構造と構造のあいだをつなぎ、必要な情報の流れを作る仕組みを「アジャイルの構造化」によって実現する。

13 関心を共通の意図によって近接させる

「関心の重なり」を見つけたり、意図的に作り出そうとしなければ、組織の中がつながることはない。互いの仕事の前提に「共通の意図」を見出すことにまずは取り組む。

14 心臓のようにリズムを作ることで、血（関心）を組織に通わせることができる

〈重ね合わせ〉〈ふりかえり〉〈むきなおり〉という周回によってリズムを作り出す。さらに個別最適化した組織の構造、サイロや塹壕を突破するために、1ON1、OKR、ハンガーフライトなどの意図的な越境、つなぎ合わせを行う（組織内での鼓動をバイパスする）。

15 組織アジャイル適用7つの原則

組織アジャイルを他の部門やチームに伝えるにあたって、以下を原則として用いる。（1）小さな勝利を手にする（2）相手の時間軸に合わせる（3）傾きをゼロにしない（4）アジャイルから始めない。

仮説検証から始める　（5）その場にいる人たちで始める　（6）勝てるところまで戻る　（7）アジャイルを連鎖させる

16 アジャイルCoEの8つのバックログ

組織的にアジャイルを展開するにあたって、以下を最初の取り組みとして講じる。（1）組織アジャイルの実践ガイド作り　（2）教育コンテンツ作り　（3）社内コミュニティ作り　（4）社外への発信　（5）組織理念との整合をとる　（6）実践の伴走支援　（7）体制の拡充　（8）学びの集積

17 組織アジャイルの経験を問う5つの質問

アジャイルの協力を外部に依頼するにあたって、以下の質問を投げかける。（1）「アジャイルとは何か？」　（2）「〝組織のアジャイル化〟として何をしたのか？」　（3）「どんな結果が出たのか？」　（4）「どうやって広げたのか？」　（5）「結局、何をしたのか？」

18 具体的経験から概念化を得る〈ものわかり〉

具体的経験からは具体的な工夫が得られるが、そのままでは同じ問題に適用するほかなく、応用が効かない。具体的な工夫について、なぜ効果が得られるのか、その背景に立ち返り、対象の問題の本質と解決策たる工夫の特徴を捉え、概念化する。

19 アジャイルの回転を再帰的に構造化する〈フラクタル・アジャイル〉

アジャイルの回転を、ボトム（現場組織）からミドル（中間部門）、トップ（経営）へと接続させる。

20 ミドルの回転（マネジメント・アジャイル）４つの方針

ミドルの回転を得るために、以下を方針として用いる。（１）ミドルのタイムボックスはボトムのその長さを踏まえて決める　（２）ミドルとボトムのバックログを連結させる　（３）「ゴールの連鎖」でミドルとボトムの共通理解を育む　（４）線表で「意志」を可視化する

21 ゴールの連鎖と、適応の連鎖をつなぐ

意図から方針、方針から実行への整合（ゴールの連鎖）と、実行から方針、方針から意図へのフィードバックループを連結させる。

22 OODAのO₂（情勢への適応）を組織内で合わせる

O_2が合えば、O_1（観察）の結果をどう解釈し方向づけるのか、各組織で自律的に判断し、実行に移すことができる。このO_2の合わせ込み、組織としての方向づけが〈むきなおり〉にあたる。

23 スプリントの数だけ、変わるチャンスを手にする

反復（スプリント）のなかでお互いの接点があり、取り組みについて向き合い、フィードバックをあげることで「関心」は育まれていく。関心によって、私たちの変革活動はつながりを作り、維持することができる。

24 反復の刻みと解像度の調整（組織アジャイルの２つの要）

反復の刻みがなければ、探索からの適応、適応からの変化が得られない。解像度の調整がなければ、反

復を繰り返すのが大変な負荷となる。

25 組織アジャイルで働かせる2つの力「求心力と遠心力」

確かな回転のためには求心力が必要で、それを組織内に伝えるためには遠心力を同じく意図的に効かせる必要がある。

26 組織アジャイルの4つの価値観

（1）「最適化に従うことよりも探索と適応を」価値とする。
（2）「これまでの前提や判断基準よりも他者との間で新たに得られた関係や可能性を」価値とする。
（3）「固定化した文書よりも利用ができるアウトプットを」価値とする。
（4）「プロセス、ツールよりも個人と対話を、そしてそこから生まれる互いの関心を」価値とする。

付録2

組織アジャイル3つの段階の実践

組織アジャイルの実践は、〈重ね合わせ〉〈ふりかえり〉〈むきなおり〉から始まる。この3つの段階を通じて、組織に宿したいケイパビリティとは「探索」と「適応」である。

「探索」とは、新たな学びを得るためのプランニングとその実行であり、「適応」とは、探索した結果から学びを得て、次の意思決定や行動を変えることである。この2つの動きを反復させることで、組織（チーム、部門）は新たな知識を獲得できるようになる。不確実性に満たされた状況のなかで的を射る活動を引き寄せるのは、組織的学習である。

組織アジャイルの段階的実践による狙い

① チームもしくは部門内の互いの状況を理解できるようにする（重ね合わせ／スプリントプランニング）

② 状況理解を踏まえて、互いにフィードバックを送り合えるようにする（重ね合わせ／スプリントレビュー）

③ ①②の繰り返しによって、徐々にプランニングとその実行について的確性を高める（何を学ぶべきかを捉え、そのための活動をとれるようにする）（重ね合わせ）

④ 実行の過程とその結果から、組織活動自体の改善につながる学びを得る（ふりかえり）

⑤ そもそもの目的や目標を捉え直し、現状のプランと実行を変える（むきなおり）

組織の状態に合わせて段階を入れ替える

①から始める：組織に共通の目標が存在している場合（※目標が単なるキャッチフレーズではなく、達成しているかどうか判断できる指標であること）

↓共通の目標を追うという文脈が存在していることになるため、状況の可視化、共有から始めることができる。

④から始める：組織に共通の目標が存在していない、あるいは個人別になっている場合

↓共通の目標を追うという文脈がないため、状況の可視化を行ったとしても互いの仕事や結果へのフィードバックが始められない。ゆえに〈ふりかえり〉を先行させて、「組織における共通の課題」を捉え、文脈を作り出す。

段階を移行するための基準

重ね合わせ（①②③）↓ふりかえり（④）

↓重ね合わせ（①②）によって、組織内でのフィードバックがあげられるようになったところで、ふりかえり（④）を織り交ぜるようにする（早期に移行しても構わない）。

↓何を追うべきなのかが、重ね合わせで揃うことで、ふりかえりがより活きるようになる（ふりかえりによって、共通目標の達成をより効果的、効率的にする）。

↓逆に重ね合わせができていない状態でのふりかえりは個々人の個別活動のふりかえりに近くなる（重ね合

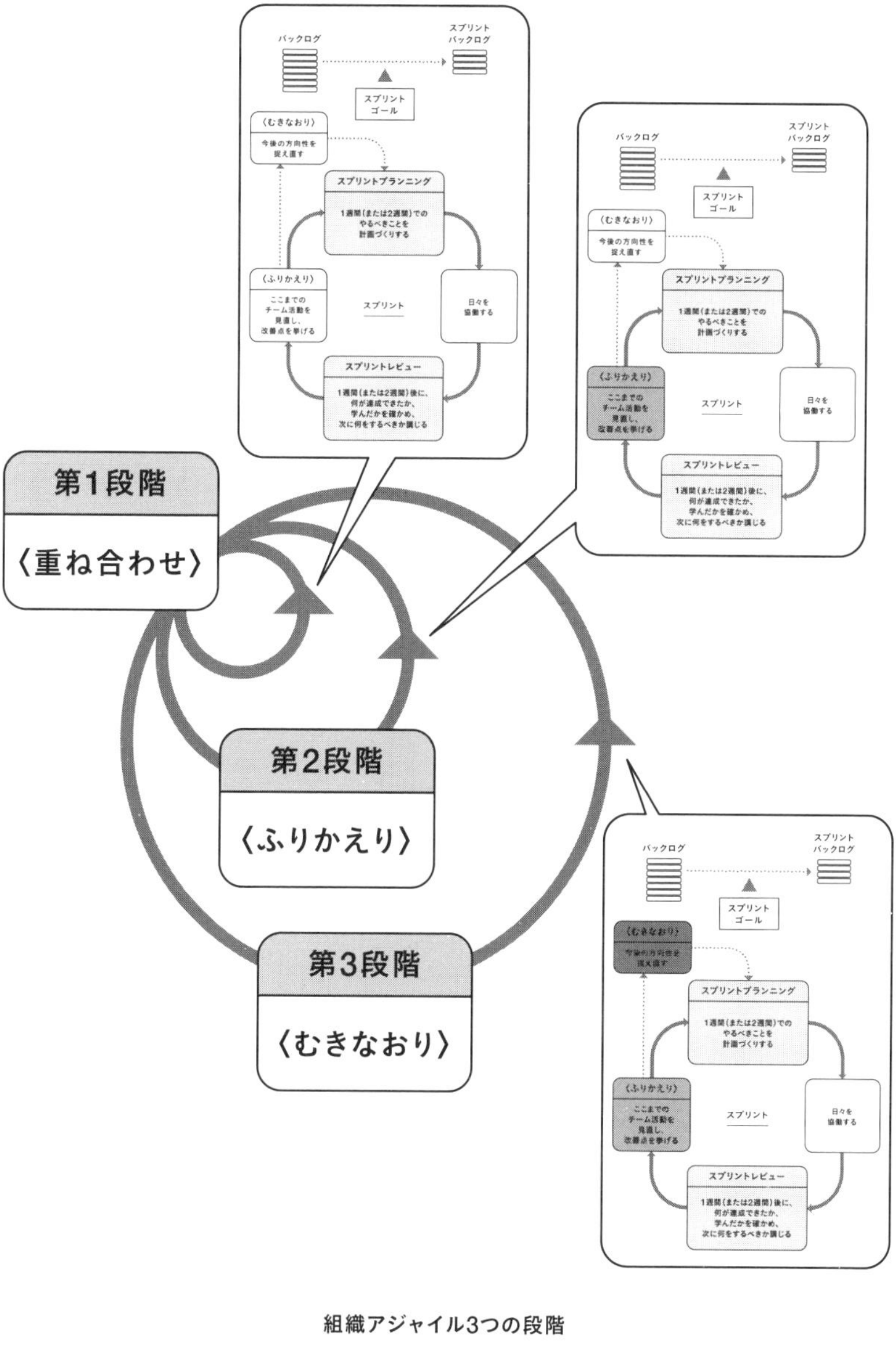

組織アジャイル3つの段階

わせではなく、ふりかえりから始めるケースがあるように、個々人のふりかえりになることがダメなわけではない）

ふりかえり④→むきなおり⑤

↓ふりかえりのサイクルが確立されたところで（ルーチン化）むきなおりも織り交ぜるようにする。もしくは、ふりかえり④を数回実施したのちに、むきなおり⑤を交えるというサイクルを決める。ふりかえりを週次で行っている場合は、4回に1回。隔週の場合は、2回に1回程度の頻度を目安とする（頻繁に目標を変えること自体が目的にならないようにする）

↓ふりかえりによって、活動の仕方自体の改善は進む。ゆえに、そうした活動の先にある方向性にそもそも誤りがないか、意味ある活動となっているかをむきなおりによって問う。

以下、〈重ね合わせ〉〈ふりかえり〉〈むきなおり〉についての実施手順を示す。内容は最小限にとどめている。実行にあたって、あるいは実行後に、より良い取り組みとなるよう、各自で適応を行ってほしい。ソフトウェア開発におけるスクラムのガイドも、工夫を講じるにあたって参考になる。ただし、ソフトウェア開発を前提としたプラクティスを何も考えずに適用しようとすると混乱を招く恐れもあるので注意すること。

〈重ね合わせ〉の実践

a．スプリントプランニングの準備

組織のバックログを作る

→現状組織で実行していること、やるべきことをリストとして洗い出す。洗い出したリスト上で優先度の順序付けを行う。

スプリントの長さを決める

→1週間もしくは2週間を目安としてスプリントの長さを決める。なお、スプリントの長さは一度決めたあとは基本的に変更しない。実行してみて重ね合わせのタイミングが短く感じる、長く感じるといった結果から変更は行うが、スプリントごとに長さを変えるといったことはしない。

スプリントゴールを決める

→組織の共通目標から、次のスプリントで何を到達したいかを決める。実際には組織の目標をスプリントゴールに落とし込むためには算段が必要となるだろう。1年をかけて追うべき目標を1週間もしくは2週間のスプリントゴールだけをその都度決めながら狙っていくのは難易度が高い。現実的には四半期や月次といった目安に噛み砕いてから、スプリントゴールを都度決めるのがよい。

※そもそも組織の「共通目標」があいまいな場合は？
↓第5章で解説した「インプションデッキ」作りを先に行うこと。

b．スプリントプランニングの実行

スプリントプランニングを、スプリントを開始する最初の日に行う。バックログの実行に関与する者全員の参加が基本である。これはスプリントバックログの分量の見立てや、詳細化のプロセスをプランニングで行うためである。そうしたプロセスを共有することで、実行に際しての自分ごと化や、実行がより目的に合った内容となることを期待する。

スプリントプランニングにはおおよそ1～2時間程度をかける。2時間を超えてしまう場合は、バックログの詳細化などプランニングの外であらかじめ行っておくべきことがないかを検討する。

スプリントゴールにもとづき、スプリントバックログを選ぶ

↓バックログから、このスプリントで実行するべき対象を選び出して、スプリントバックログとして扱うことを決める。この際、スプリントでどのくらいバックログを取り組みできるかの見立ても行うこと。最初はおおよそで構わない。精緻にやるべきことを見積もりする考えもあるが、スプリントを重ねるごとに徐々に組織のキャパシティを理解することで乗り越えることができる。どのくらいバックログに取り組めるかは、誰か一人が一方的に決めるのではなく、スプリントプランニングの参加者の見立てを集め、それぞれの知見を生かすようにする。

スプリントバックログを実行可能にする

↓一つひとつの取り組むことがどうなれば実行できたと言えるようになるのか、それぞれについての「受け入れ条件」を決める。ここで言う受け入れ条件とは、スプリントバックログの一つひとつの取り組みごとに決める、達成するべき条件のことである。受け入れ条件をある程度詳細化し、認識を合わせておくことで、的外れの実行とならないようにする。

スプリントバックログへのサインアップを行う

↓スプリントバックログ一つひとつを誰が担うのかを決める。できるかぎり一方的なアサインではなくサインアップ（自発的に手を上げること）を促したい。実際には、それぞれの持つ専門性によっておのずと担当が決まることは多い。あまりにも偏りがある場合は、実行にあたってどのようなスキルが必要になるのかを組織で棚卸して適応方法を検討したい。

スプリントゴールを再確認し、ファイブフィンガーを示し合う

↓スプリントバックログの決定を行う過程で、スプリントゴールの調整がかかる可能性がある。あるいは、スプリントゴールの達成と関与しないバックログを選んでしまっていることもありえる。ゆえに、スプリントプランニングを終えるタイミングで、スプリントゴール自体の再定義やスプリントバックログがゴールに合致しているかを確認する。そこで確認したスプリントゴールが達成可能なものとなっているか、組織メンバーに自信度を問う。「ファイブフィンガー」とは、自信度を忖度なく表出するためのプラクティスである（5本の指を使うことからこのように名づけられている）。たとえば、5本の場合はゴール達成が楽勝で、1本の場合は達成はかなり悲観的、3本はほどほどの自信といった具合に度合いを決めて、全員に1から5で示してもらう。もちろん、点数が低い者がいる場合はその理由について着目し、課題やリスクとなりうることを認識して対処を講じる。

c．スプリントレビューの準備

スプリントレビューのアジェンダを用意する

↓スプリントレビューを手ぶらで迎えないように、議題を挙げておく。基本はスプリントで目指していた目標（スプリントゴール）の改めての確認と、その結果を知ること、そしてスプリントバックログの取り組み結果を確認し、質疑やフィードバックを集めることである。全体と結論から始めて、一つひとつの詳細を追うようにする。

アジェンダにもとづき、事前に結果をまとめる

↓スプリントレビューを詳細に行おうとするとかなりの時間を要する。スプリントバックログのすべての結果を逐一確認するには予定時間で収まらない可能性もある。アジェンダ上で、スプリントゴール達成に際して重要となるバックログを優先的に確認するなど、取り扱う対象に濃淡をつけておくようにしたい。軽微なバックログについては、アジェンダ上の簡潔な記載を確認するにとどめる。重要なバックログについては、何を行い、どのような結果となり、まだ論点が残っているようであればそれらを挙げて議題にする。

d. スプリントレビューの実行

スプリントレビューは、スプリントを終える日に実施する。バックログの実行に関与した者全員の参加が基本である。これは実行結果へのフィードバックがあり、適応を行う可能性があるためである。

スプリントレビューにはおおよそ1〜2時間程度をかける。なお、スプリントレビューを終えた後すぐにスプリントプランニングに移ることもある（同日に各種イベントを済ませるならば、スプリントレビュー→ふりかえり→スプリントプランニングという流れにする）。

スプリントゴールの確認とその結果を捉える

↓まず最初にスプリントゴールが何であったか、そしてその結果を端的に捉える。スプリントゴールはスプリントの途中に変わっている場合もある。必ず冒頭で認識を揃えるようにしよう。結果としてスプリントゴールが達成できなかった場合、どのような要因があったのかを確認し合う。そこで挙げられる論点は、次のスプリントのバックログやふりかえりの題材にもなりうる。なお、スプリントレビューは単なる進捗確認の場ではない。多くの場合ここで結果を把握し、実質的に進みを捉える場にはなるだろう。ただし主眼はあくまで実践の結果からの適応にある。進捗が間に合っているように見せることが主眼となり、かえって適応を阻むことがあってはならない。スプリントレビューの場では結果を取り繕うのではなく、ありのままに見れることが前提である。進捗を阻害する要因が何かあるならば、ふりかえりの場でその対処を組織として講じよう。

スプリントバックログの結果をレビューする

↓スプリントバックログを担当した者が結果について説明を行い、それに対して参加者から質疑やフィードバックをあげるようにする。担当者は以下の観点に沿ってデモンストレーションを行う。

- 何のために行ったのか（該当スプリントバックログの個別の狙い）
- どのような取り組みを行ったのか（取り組み内容に関する簡潔な説明）
- その結果として何が得られたのか（アウトプットや成果の確認、得られた考察）
- 残っている論点は何か（取り組みに関する課題など）

参加者からは、デモの内容について質疑やフィードバックを行う。取り組み方に関するより良い方法やアイデアの共有、結果に関する別の解釈や考察などである。主眼は、組織の活動がより合目的性を高め、成果を導けるようになることだ。

スプリントレビューのまとめを行う

↓一通りスプリントバックログの結果を確認したあとに、レビューで挙がった論点や課題などを再確認する。やるべきことが見つかった場合はここでバックログに追加も行う。最後に、どのようなスプリントであったか、所感を簡潔に述べ合うと良い。スプリントゴールを確認するだけでは言語化できない達成感があるかもしれない。

〈ふりかえり〉の実践

ふりかえりはスプリントレビューの後に実施する。スプリントに参加していた全員の参加が基本である。逆に、スプリントの実施に関与していなかった者が評価を行うような時間にしてはならない。ふりかえりの目的はあくまで実践の改善にある。ふりかえりにはおおよそ1時間程度をかける。

a．ふりかえりの準備

どのようなふりかえりのフレームを用いるか決める

↓ふりかえりにはさまざまな方法がある。同じ形式のふりかえりを繰り返しているとワンパターン化しやすいため、あえて別の方法を織り交ぜるのもよい。

ふりかえりの時間までに思い起こしを依頼する

↓ふりかえりはスプリントごとに行うのが基本であるが、2スプリントに1回行う、あるいは毎月1回行うなど、頻度の調整を行っていることもあるだろう。ふりかえりの間隔が長くなると、何があったかを思い起こす時間が必要になる。事前に参加者にアナウンスしておきたい。

b. ふりかえりの実行

何をやろうとしていたか、また実際にできたことを確認する

↓前回のふりかえりで決めたやるべきことを冒頭で確認する。それに対して、実際にできたことは何だったかを同様に挙げて、その差分を確認する。できなかったことがあった場合は、今後の扱いについて決めておく（継続か中止か）。ふりかえりで決めたことを実施できていないのには、何か問題が起きている可能性もある。決めっぱなし、やりっぱなしにせず、参加者で状況の認識を揃えておくようにしよう。

ふりかえり対象期間についてファイブフィンガーをあげる

↓どのような状況だったか、人によって認識が異なる場合がある。遠慮なく意見が表明できるように、また問題が埋没してしまわないように、ファイブフィンガーを全員で上げるようにしよう。観点としては「この調子で組織活動を続けられるか」といった内容が考えられる。5点が「迷うことなく全速前進！」、1点が「とてもではないが続けられない」など、その度合いを合わせてから採点しよう。特に、点数に開きがある場合は、人によって見方が異なるということだ。点数の理由について表明し合い、その差異の原因について掘り下げておこう。

良い取り組み（Good）、継続したい取り組み（Keep）、目にした問題（Problem）を確認する

↓まず各自でGood、Keep、Problemを挙げる。それから、参加者全員で内容を俯瞰し、深堀りを行いたい。Goodの詳細や、Keepに挙げた工夫のコツ、Problemの背景や重要性などを言及し、認識を揃えていきたい。特にGoodは、自分が実施したことだけではなく、ふりかえりまでに目にした他のメンバーの動き、判断などもとりあげておきたい。ふりかえりは互いの健闘を称え合う時間でもある。

次にやることとして、始めること(Start)、やめること(Stop)、続けること(Continue)を判断する

→Good、Keep、Problemを踏まえて、次のふりかえりまでにやることを挙げる。その際、観点は3つある。Startは比較的わかりやすい観点である。Problemに対して、何らかの手を打つなど、数多くのアイデアが挙がりやすい。一方で、あまたの打ち手を挙げたところで、実際に実施できる分量には限りがある。始めることだけではなく、何をやめて問題の発生を抑えるか、あるいは時間の確保を行うか、Stopの観点も挙げるようにしたい。また、役割を終えた施策などもこの対象となる。最後に、Continueは継続する施策や取り組みのことである。こうして捉えた、Start、Stop、Continueはバックログに加えておく。挙げて終わりではなく、必要なことは確実に実施していく流れに乗せよう。

〈むきなおり〉の実践

むきなおりには、スプリントに参加している者や普段はスプリントに参加していないが組織活動に関係を持つ者などを集める。むきなおりでは、スプリントゴールよりも大きな範囲、粒度で捉える「組織目標」を変える可能性がある。組織目標にコミットメントやオーナーシップを持つ者の参加は不可欠である。むきなおりもおおよそ1時間が目安であるが、内容によっては1日がかりで行うこともある。目標を根本的に再定義する可能性がある場合などは相応の時間を投じるべきである。

a．むきなおりの準備

組織目標に対する結果を整理しておく

↓組織目標に対して、むきなおりを行う時点でどのような結果をあげられているか、事前に整理しておこう。スプリントゴールとその結果を収集することがこの整理につながるだろう。また、参加者に事前に組織目標自体についての評価やコメントがあれば挙げてもらうようにする（ファイブフィンガーとその理由を挙げてもらうのでもよい）。スプリント活動としては問題はないが、組織の目標としては方向性として疑問が出てきているなど、組織目標への考察は普段とは異なる粒度で考える必要がある。その場の思いつきのように捉え直すのではなく、あらかじめ各自のむきなおりを期待したい。

b．むきなおりの実行

第一むきなおりとして、組織目標自体を問い直す

↓まずもって、組織目標自体の方向性に変更の必要性はないかを参加者で確認しあう。この際、「この組織目標を達成できることで何が得られるのか、その獲得がわれわれや顧客、周囲の期待することなのか」といった問いを投げかける。このままの方向性で進めた場合に何が得られるのか、その具体的な言語化を改めて行う。それに対して、自分たち自身として、また自分たちの仕事を受け取る相手（たとえば顧客）に対して、さらには他の部門や上位の組織長や経営から見て、期待する内容となっているかを考える。方向性を見直す必要があるとなれば、参加者で合意してその変更を行う。こうした判断がその場でできるように、むきなおりには組織目標にオーナーシップを持つ長や然るべき立ち位置の者が参加する必要がある。

第二むきなおりとして、定めた組織目標に到達できる現状となっているか問い直す

↓第一むきなおりを経て、組織目標に変わりがなかったとしても、第二のむきなおりを行う。捉えた組織目標を達成するために必要なことが十分行えているか。組織目標を達成するためには逆算して何が必要となるのか。こうした問いや観点を投げかける。組織目標に向けて改めてやるべきことが挙げられるならば、ふりかえり同様にStart、Stop、Continueの観点で整理する。新たにやることはStart、目標達成のためにやめるべきことはStop、達成のために重要性が再確認できたことはContinueとして挙げる。このStart、Stop、Continueをそのままあるいは、ここから必要に応じてブレイクダウンして、バックログに乗せる。

再定義した組織目標を記録する(インセプションデッキの更新)

↓むきなおりのタイミングで、インセプションデッキや組織目標を言語化しているものについてアップデートを行おう。組織メンバーおよび関係者の共通認識となるように、記録をする。

参考文献

アジャイル開発

- アジャイル開発実践ガイドブック　https://cio.go.jp/sites/default/files/uploads/documents/Agile-kaihatsu-jissen-guide_20210330.pdf
- 『いちばんやさしいアジャイル開発の教本　人気講師が教えるＤＸを支える開発手法』市谷聡啓、新井剛、小田中育生 著／インプレス／２０２０年
- 『エクストリームプログラミング』ケント・ベック、シンシア・アンドレス 著／角征典 訳／オーム社／２０１５年
- 『アジャイルな見積りと計画づくり　価値あるソフトウェアを育てる概念と技法』マイク・コーン 著／安井力、角谷信太郎 訳／毎日コミュニケーションズ／２００９年
- 『適応型ソフトウエア開発　変化とスピードに挑むプロジェクトマネージメント』ジム・ハイスミス 著／ウルシステムズ株式会社 訳・監修／翔泳社／２００３年

スクラム

- スクラムガイド　https://scrumguides.org/docs/scrumguide/v2020/2020-Scrum-Guide-Japanese.pdf
- 『SCRUM BOOT CAMP THE BOOK【増補改訂版】　スクラムチームではじめるアジャイル開発』西村直人、永瀬美穂、吉羽龍太郎 著／翔泳社／２０２０年
- 『アジャイル開発とスクラム 第2版　顧客・技術・経営をつなぐ協調的ソフトウェア開発マネジメント』平鍋健児、野中郁次郎、及部敬雄 著／翔泳社／２０２１年
- 『エッセンシャル スクラム　アジャイル開発に関わるすべての人のための完全攻略ガイド』Kenneth S. Rubin 著／岡澤裕二、角征典、高木正弘、和智右桂 訳／翔泳社／２０１４年

インセプションデッキ

- 『カイゼン・ジャーニー　たった1人からはじめて、「越境」するチームをつくるまで』市谷聡啓、新井剛 著／翔泳社／２０１８年
- 『アジャイルサムライ　達人開発者への道』Jonathan Rasmusson 著／西村直人、角谷信太郎 監訳／近藤修平、角掛拓未 訳／オーム社／２０１１年

ふりかえり

- 『アジャイルレトロスペクティブズ　強いチームを育てる「ふりかえり」の手引き』Esther Derby and Diana Larsen 著／角征典 訳／オーム社／２００７年
- 『アジャイルなチームをつくる　ふりかえりガイドブック　始め方・ふりかえりの型・手法・マインドセット』森一樹 著／翔泳社／２０２１年

チーム

- 『チームが機能するとはどういうことか　「学習力」と「実行力」を高める実践アプローチ』エイミー・C・エドモンドソン 著／野津智子 訳／英治出版／２０１４年
- 『チーム・ジャーニー　逆境を越える、変化に強いチームをつくりあげるまで』市谷聡啓 著／翔泳社／２０２０年

デジタルトランスフォーメーション

- 『未来ＩＴ図解　これからのＤＸデジタルトランスフォーメーション』内山悟志 著／エムディエヌコーポレーション／２０２０年
- 『アフターデジタル2　ＵＸと自由』藤井保文 著／日経ＢＰ／２０２０年
- 『ＡＸ（アジャイル・トランスフォーメーション）戦略　次世代型現場力の創造』ダレル・リグビー、サラ・エルク、スティーブ・ベレズ 著／石川順也、市川雅稔 監訳／川島睦保 訳／東洋経済新報社／２０２１年
- 『デジタルトランスフォーメーション・ジャーニー　組織のデジタル化から、分断を乗り越えて組織変革にたどりつくまで』市谷聡啓 著／翔泳社／２０２２年

- ＩＰＡ「ＤＸ白書２０２１」https://www.ipa.go.jp/ikc/publish/dx_hakusho.html

思考の観点、プロセス

- 『WHYから始めよ！　インスパイア型リーダーはここが違う』サイモン・シネック 著／栗木さつき 訳／日本経済新聞出版／２０１２年
- 『OODA LOOP（ウーダループ）　次世代の最強組織に進化する意思決定スキル』チェット・リチャーズ 著／原田勉 訳／東洋経済新報社／２０１９年
- 『THINK AGAIN　発想を変える、思い込みを手放す』アダム・グラント 著、楠木建 監訳／三笠書房／２０２２年

リーン

- 『トヨタ生産方式　脱規模の経営をめざして』大野耐一 著／ダイヤモンド社／１９７８年
- 『リーンソフトウエア開発　アジャイル開発を実践する22の方法』メアリー・ポッペンディーク、トム・ポッペンディーク 著／平鍋健児、高嶋優子、天野勝 訳／日経ＢＰ／２００８年
- 『リーン開発の本質』メアリー・ポッペンディーク、トム・ポッペンディーク 著／平鍋健児 監訳／高嶋優子、佐野建樹 訳／日経ＢＰ／２００４年
- 『リーン開発の現場　カンバンによる大規模プロジェクトの運営』Henrik Kniberg 著／角谷信太郎 監訳／市谷聡啓、藤原大 訳／オーム社／２０１３年
- 『ザ・ゴール　企業の究極の目的とは何か』エリヤフ・ゴールドラット 著、三本木亮 訳／ダイヤモンド社／２００１年
- 『クリティカルチェーン　なぜ、プロジェクトは予定どおりに進まないのか？』エリヤフ・ゴールドラット 著、三本木亮 訳／ダイヤモンド社／２０１３年

プロダクト開発、仮説検証型アジャイル開発

- 『プロダクトマネジメントのすべて　事業戦略・ＩＴ開発・ＵＸデザイン・マーケティングからチーム・組織運営まで』及川卓也、曽根原春樹、小城久美子 著／翔泳社／２０２１年
- 『ＰＬＧ　プロダクト・レッド・グロース「セールスがプロダクトを売る時代」から「プロダクトでプロダクトを売る時代」へ』ウェス・ブ

ッシュ 著／UB Ventures 監訳／八木映子 訳／ディスカヴァー・トゥエンティワン／2021年
• 『正しいものを正しくつくる　プロダクトをつくるとはどういうことなのか、あるいはアジャイルのその先について』市谷聡啓 著／BNN／2019年

あとがき

部屋の片隅に積み上がっていた引っ越しの際のダンボールを、実に5年ぶりに開いてみると、圧倒的な熱量が溢れ出てきました。2005年前後から夢中になって集めていた、「組織を変える」に関する書籍の数々でした。自分のいる場所を変えたいという思いに心を奪われて走り続けていた頃の痕跡が、しっかりと残されていました。そうした思いは10年ほど続き、自分で自分の会社を作るまでのあいだ、それこそ自分の「芯」となっていたのは明らかです。

「組織を変える」という言葉には、かつて誰かが作った組織を今ここにいる人たちでより良くしていくという文脈が存在しています。つまり、自分の組織を作るということは、いったんこの文脈から離れるということです。現に、この10年ほど組織変革は私の中のアジェンダから順位を落としていました。その象徴が、長らく箱の中にしまわれていた書籍の数々なのです。

今、私自身が「組織を変える」ための一冊を書き加えることになったのは、もちろん想像していなかったところです。しかしこの数年、再び「組織を変える」の文脈に戻り、その最前線にいます。かつてと異なるのは、「組織」という言葉が指す対象です。「私が所属する場所」ではなく、「みなさんがいる場所」へ。デジタルトランスフォーメーションという名前に乗せて、日本中の組織が挑んでいる「組織を変える」に帰ってきています。

そこで目の当たりにしたのは、組織の新陳代謝を図ろうと、新たなアジェンダを設定し、希望を込めた数々の取り組みを掲げながら、それでいて遅々として進まない現状でした。課題は、新しい技術や方法を獲得することとは別のところにありました。それは組織の中で根を張りめぐらし、暗黙の前提となっている「最適化」という判断基準、認識と、どう向き合うかということです。

かつて私が熱量のみでどうにかしようとしていた「組織を変える」からは格段に難しい状況であり、組織のより本質的な「負債」への挑戦と言えます。容易ならざること、もっとくだけて言うと、いわゆる「無理ゲー」（難易度が高くて実現不可能な課題）という言葉があてはまる状況と言えます。

十数年前の「組織を変える」ための書籍を開いてみると、そこに並んでいる課題意識、乗り越えるための方策の数々、どれも今眺めても妥当と言えるものばかりであることに気づきます。これは、解決策の仮説は立っているのにもかかわらず、その適用ができない、もしくは持続的に取り組めない、そういった問題が極めて高い壁となって立ち塞がり続けていることを意味しています。組織の中の「認識」を変えることがいかに難しいか、ということです。

「組織を変える」ための仮説、方策、処方箋は、それこそいにしえより伝わるものがすでにあります。であるならば、焦点を当てるのはその実践の仕組みをいかにして組織に宿すか、ということになります。もちろん一気呵成に取り組めるものではありませんし、むしろ、一度に数々の方策を打ち出すよりも、いかに持続的に試行を繰り返すかです。一発で状況を変えられるならば、とっくに組織は変わっていたことでしょう。

組織の「認識」を少しずつ変容させていくには、方策の「量」ではなく、それを繰り返し試行する「頻度」であり「期間」であると考えられます。そこで「頻度」と「期間」を自分たちの意図で操作するすべ、組織としての運動方法が必要となるわけです。それが本書で示した「アジャイル」です。状況を「無理ゲー」と捉えるならば、とれる選択肢とは、「何機」（ゲーム上トライできる回数）も携えて試行を繰り返し、チャンスを捉えようとすることでしょう。しかし、「何機」を文字どおりと捉えて、限られた人々が組織負債を背負い、体を張り続けるわけにはいきません。このトライにおける「機数」とは、アジャイルの「回転の数」です。つまり、スプリントの数だけ私たちは挑戦を繰り返すことができるのです。

さて、組織にアジャイルを宿すためには何から始めればよいのでしょうか。巻末付録に26の作戦を掲げる一方で、回転の中核となるは〈ふりかえり〉と〈むきなおり〉です。

あなたが組織のリーダーやマネージャーなら、自身のチームや部門で〈重ね合わせ〉や〈ふりかえり〉を始めましょう。

あなたがデジタルトランスフォーメーションを推進する立場ならば、「アジャイルCoE」の立ち上げを画策しましょう。

あなたが現場の最前線にいて、まだチームや部門を巻き込んだ経験がないならば、自分の手元から始めましょう。組織アジャイルは、いつでも、どこからでも、回り始めることができるのです。

最後に。この本の中で幾度となく「何者なのか」という問いが向けられました。時々によって、タフな問いにもなります。「自分は何者でもないかもしれない。〝組織を変える〟なんて、自分には関係ないことではないか」　そう思うこともあるでしょう。ですが、今ここでは何者でもなかったとしても、いや何者でもないからこそ、その取り組みは常に前進となるはずです。「自分は違う」と考える人が、それでも踏み出した一歩とは、その組織でこれまでにはなかった「変化」にほかなりません。その「変化」は、現代の組織に残された最後の希望であると私は信じています。

謝辞

本書を作るにあたって、多くの方にレビューをしていただきました。いずれも組織の前線で挑戦を繰り返している方々であり、多忙な日々のなかで時間を捻出してくださったことに感謝します。本書にお付き合いいただいた吉田泰己さん、草野孔希さん、脇阪善則さん、田中諭さん、川口賢太郎さん、山本浩道さん、小田中育生さん、菅原秀和さん、志村誠也さん、細谷泰夫さんに重ねて謝意をお伝えします。また、『正しいものを正しくつくる』に引き続き、編集者の村田純一さんに伴走いただいたことが本書を書くうえで力になりました。最後に、この創作を見守ってくれた妻純子に感謝します。いつもいつも、私を支えてくれてありがとう。

２０２２年５月　市谷聡啓

市谷 聡啓（いちたに としひろ）

株式会社レッドジャーニー代表／DevLOVEオーガナイザー

サービスや事業についてのアイデア段階の構想から、コンセプトを練り上げていく仮説検証とアジャイル開発の運営について経験が厚い。プログラマーからキャリアをスタートし、SIerでのプロジェクトマネジメント、大規模インターネットサービスのプロデューサー、アジャイル開発の実践を経て、自身の会社を立ち上げる。それぞれの局面から得られた実践知で、ソフトウェアの共創に辿り着くべく越境し続けている。訳書に『リーン開発の現場』（共訳、オーム社）、著書に『カイゼン・ジャーニー』『チーム・ジャーニー』『デジタルトランスフォーメーション・ジャーニー』（翔泳社）、『正しいものを正しくつくる』（BNN）がある。

https://ichitani.com

組織を芯からアジャイルにする

２０２２年７月15日　初版第１刷発行

著　　者　市谷聡啓

発 行 人　上原哲郎
発 行 所　株式会社ビー・エヌ・エヌ
〒１５０-００２２
東京都渋谷区恵比寿南一丁目20番６号
Fax：０３-５７２５-１５１１
E-mail：info@bnn.co.jp
http://www.bnn.co.jp/

印刷・製本　シナノ印刷株式会社

デザイン　駒井和彬（こまゐ図考室）
編　　集　村田純一

※本書の内容に関するお問い合わせは弊社Webサイトから、またはお名前とご連絡先を明記のうえE-mailにてご連絡ください。
※本書の一部または全部について、個人で使用するほかは、株式会社ビー・エヌ・エヌおよび著作権者の承諾を得ずに無断で複写・複製することは禁じられております。
※乱丁本・落丁本はお取り替えいたします。
※定価はカバーに記載してあります。

© 2022 Toshihiro Ichitani

ISBN978-4-8025-1238-1
Printed in Japan